四川菜

风味家常

四川烹饪杂志社 编

青岛出版社
QINGDAO PUBLISHING HOUSE

《四川风味家常菜》编委会

编委

王旭东　田道华　王诗武　王兆华　张先文　周思君　王　婷　李忠平　魏淑慧　谢　艳
付丽娟　李子冉　李雨秋　杨涵宇

摄影

田道华　王诗武　王兆华　张先文　周思君　李忠平等

鸣谢（菜品制作或素材提供等，排名不分先后）

张辉国	李　金	冉应雄	严志桃	温贤明	罗　敏	张　勇	严　龙	肖仁平	杨　波
曾有根	吴耀宗	高举彬	邓相林	杨　黎	廖　伟	周　华	石　锐	彭先礼	张　明
刘　建	于　诚	向飞宇	龙永国	陈代友	刘兴国	张　红	谭清亮	古向福	杨基志
甘　彬	李　建	李建东	谢君宪	李仁光	万烈洪	卢　磊	李小彬	丁永煌	戴建春
李绪刚	张朝文	龙天文	杨发荣	黄　雄	刘勇军	崔正贵	李正忠	唐　海	冷　伟
刘旭东	杨虎成	朱洪坤	李生军	徐章军	黄光明	陈霓虹	夏　锐	陈大辉	孙维承
张小平	蒋世勇	刘　林	林进武	甘　勇	唐　兵	向　健	戴崇阳	郑孟全	程远前
刘　强	陈　宏	徐美权	田仕强	孟宪富	孟　波	宋　勇	杨成乐	谭洪平	蒋祖权
王　勇	杨　辉	邓华兰	吴建林	舒永建	周乐华	王　兵	吴勇明	梁志勇	杜贤君
温昌明	严白鲜	邓正庆	邱克洪	苟行健	赵　炎	梁　明	杨儒国	张启渠	彭　春
寇　君	田　瑞	李　想	韦昔奇	王宏玮	卢　勇	王青华	方　平	罗建红	毕文忠
黄成基	周良平								

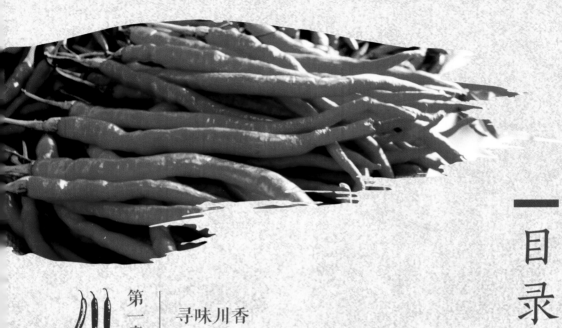

目录

◀ 卤泡拌菜 ▶

农家豆瓣子姜 /12

椒麻鲜香菇 /13

生拌藠头 /13

苦菊石榴香 /14

豆芽拌木耳 /15

长寿秋葵 /15

手工凉粉 /16　　椿芽白肉 /17　　剔骨肉 /18　　芹香牛肉 /18

椒香小牛腱 /19　　茄香牛腱 /19　　凉拌牛肚 /20　　开胃草原肚 /20

风味千层肚 /21　　韭香蘸水兔 /22　　农家手撕鸡 /22　　凉面鸡杂 /23

手撕鸭 /24　　搓椒三文鱼 /26　　椒香凉拌草鱼 /27　　热拌鱼 /28

脆皮小河鱼 /30　　香糟鲫鱼 /31　　小葱米椒铺盖虾 /32　　麻辣口福螺 /34

虎皮素菜盒 /35

开心茄排 /36

厚皮菜炒蚕豆 /37

炒沙蚕豆 /37

颗颗酥 /38

干煸芋头 /39

葱香芋头 /40

泡菜土豆片 /41

炕豆腐 /42

腊肉小煎脆豆腐 /43

酸菜炒豆渣 /43

排骨回锅肉 /44

水爆回锅肉 /45

高粱粑回锅肉 /46

泰汁酥肉 /47

锅巴红烧肉 /48

鲜椒粉丝排骨 /50　　麦香美蹄 /52　　臊子粉丝煲 /53　　子姜脆肠 /54

鲜椒脆肠 /55　　酸辣黄喉 /56　　泡菜米椒腰花 /57　　霸王腰花 /58

灰树菇炒风干肉 /59　　年糕风干牛肉 /59　　煳辣牛仔粒 /60　　子姜牛肉丝 /62

牛肉筷子萝卜 /63　　家常羊肾 /63　　坝坝子姜兔 /64　　尖叫兔 /65

渣渣兔 /66　　飘香兔 /67　　泡椒兔腰 /68　　爆竹鸡 /70

小煎鸡 /71　　　茶菇砂锅鸡 /71　　　石烹土鸡蛋 /72　　　融蛋 /73

怪味鸭 /74　　　子姜爆鸭肠 /75　　　爆炒脆肠 /75　　　子姜炒鹌鹑 /76

香辣鹌鹑 /77　　　干锅鳝鱼 /77　　　泡豇豆煸鳝鱼 /78　　　飘香鳝鱼 /80

鲜椒泥鳅 /82　　　虾煲茄条 /83　　　香辣鱿鱼虾 /84　　　橙香鱿鱼 /86

盐菜炒乌贼 /87　　　干锅蛙 /87　　　麻香跳跳蛙 /88　　　香脆蚕蛹 /88

酸辣地皮菜 /89

鱼香平菇 /90

农家土豆 /91

糟香豆腐 /92

砂锅老豆腐 /94

锅巴丸子 /95

藿香赛鲍鱼 /96

干煸肘子 /98

青豆腊蹄 /98

热烩腰花 /99

肥肠蛙 /100

笋子烧牛肉 /102

新法蚂蚁上树 /104

泡椒牛腩 /106

酱焖牛筋 /106

藿香牛蹄 /107

牛蹄烧牛蛙 /108

鸿福牦牛掌 /108

一锅香 /109

红薯烧兔 /110

滋味湖鱼 /138

豆腐焖鲇鱼 /140

厚皮菜烧鳝段 /141

豆腐鳝鱼 /142

鳝鱼粉丝 /143

豆花泥鳅 /144

三鲜酸汤水晶虾 /146

双豆红焖甲鱼 /147

蒸煮炖菜

粉蒸厚皮菜 /148

豆汤锅巴 /149

糯米蒸肉 /150

农家盐菜扣肉 /151

极品大烧白 /152

卤肉粉条 /154

氽汤酥肉 /155

酥肉香碗 /156

滑肉汤 /157　　酸菜粉丝滑肉 /158　　灌汤酥排 /158　　花椒拱嘴 /159

花椒猪蹄 /160　　车前草炖猪蹄 /161　　田园洗肺汤 /162　　麻辣肥肠鱼 /163

麻香腰花 /164　　土钵鲜黄喉 /166　　鲜椒黄喉 /167　　水灼牛肉丝 /167

牛肉烧白 /168　　牛杂旺 /169　　豆花牛杂 /170　　鲜椒兔 /172

六合鸡 /173　　剁椒鸭肠 /174　　水煮嫩鹅脯 /175　　花椒鱼 /176

另类炝锅鱼 /177

豉椒蒸黄沙 /178

藿香鱼 /180

孜香豆粒鱼 /181

豉椒胭脂鱼 /182

酸萝卜水饺鱼 /183

峨眉鳝丝 /184

鲜椒乌鱼片 /185

番茄燕麦虾 /186

烧椒煮蛙腿 /187

砂煲鱼头 /188

第三章 | 独特的四川小吃

第一章 ｜ 寻味川香

川

川菜添香的妙招

香，说起来很复杂，而它在菜肴中也往往呈现的是一种综合性气味。在厨房工作中，厨师们用得比较普遍的增香方法主要有：烹饪法添香和香料添香。

川菜厨师擅长调味，而对于菜肴添香也同样在行，常用的手法就有以下三招。

· 重用小料添香 ·

这里所说的小料，不光是指葱花、葱末、姜末、蒜末、蒜泥这样一些常用调料，还包括泡椒末、泡菜末、豆豉、芽菜、肉末，以及芝麻、花生、香辣酥等增香原料。

川菜厨师喜欢重用葱、姜、蒜来调味，比方说鱼香味，就是要通过对葱末、姜末、蒜末和泡椒末等小料的搭配使用，才能达到奇妙的鱼香效果。而重用某一种调味料，也能起到独特的添香效果，比方说前几年在四川比较流行的葱香猪肝，我们看到的是浅褐色的猪肝掩盖在碧绿的葱花里，而上桌后闻到的香味却非同一般。

泡椒末、泡菜末、肉末、豆豉、芽菜等，都是很好的添香原料，比如在制作川式干烧菜时，把它们炒香后与菜肴同烧，成菜风味非常独特。值得一提的是，芝麻、花生、香辣酥等小配料，看似微不足道，可它们对菜肴增香能起到很好的补充作用，因此现在一些川菜厨师炒菜、拌菜或烧菜时，都会用到。

· 巧用蔬菜添香 ·

用芹菜、韭菜、香菜、小茴香苗、折耳根、藿香等带有特殊香气的蔬菜来给菜肴添香，这从来都是川厨的拿手好戏。

藿香鱼是大家熟悉的一道经典菜品，其最大的亮点是加入了大把的藿香后，整道菜都香味浓郁、清新自然了。韭香核桃仁是一道凉菜，把生核桃仁与韭菜末拌在一起后，

做成咸鲜味菜肴，其淡淡的韭香尤其让人回味。芹菜小米椒拌鸡，把芹菜末、小米椒末与鸡肉丁同拌成菜，味道也相当不一般……

举一可反三，这样的例子还有很多。厨师可以尝试把这些带有特殊香气的蔬菜与不同的食材配搭成菜，说不定还真能创出不少新口味的菜品来。

· 妙用油脂添香 ·

川菜厨师擅用油，而这里的油指的是一些带香味的油脂，比如红油、花椒油、葱油、藤椒油、香油、香料油、蒜油、山胡椒油、煳辣油、泡椒油、豆瓣油等。

虽然这些油脂可用于冷热菜式，但其用量却不宜过大，否则会让菜肴显得油腻。另外还要注意，红油、煳辣油、泡椒油和豆瓣油用于热菜时，既可在烹菜的过程中加入，也可在成菜后才淋入，而对于藤椒油、蒜油、山胡椒油这些气味容易挥发的调味油，则应该在成菜后才淋入。

家常川菜调料之豆瓣酱

从前在巴蜀民间，几乎家家户户都会制作一些居家风味食品，比如在每年正月里青菜大量收获的季节，人们会用青菜制作泡酸菜等；在农历的四五月份，又会用莲花白（即包菜）晒干后，用盐腌渍后装坛自然发酵成盐包菜；而在七八月份子姜和鲜辣椒上市时，又要开始制作泡姜、泡辣椒和豆瓣酱了。因此在巴蜀人家里，特别是农家，都要准备五六个泡菜坛子。

说上面的这些内容，与家常川菜有关吗？的确有很大关系，因为现在像豆瓣酱、泡椒、泡酸菜、泡姜这样一些居家风味食品，已经越来越多地被川菜馆的经营者们重视了，他们往往是在开大酒楼的同时，就会着手兴办自己的酱园厂——专门生产上述的家常调味原料，以供自己酒楼所需。这样做有什么好处呢？一是自己生产这些调辅料可以节约菜肴的制作成本；二是这样有利于保证菜肴的品质；三是更好地形成自己的风味特色，让别人很难复制你菜品的味道。

· 民间制作豆瓣酱方法 ·

制作豆瓣酱的时候，正是每年鲜红辣椒大量上市的"三伏天"。要制作豆瓣酱，那首先得制作出霉豆瓣来。

具体的方法是：先把带壳的干蚕豆用清水泡涨，然后逐一剥去外壳，待稍晾干后，再平铺在簸箕里并盖上南瓜叶（还可盖上黄荆叶等），让其自然发酵7天左右，见蚕豆瓣表面已全部长出一层霉状物时即成。

制作豆瓣酱离不开鲜红辣椒，那么该选哪一种辣椒为好呢？那种肉厚味淡的灯笼椒肯定是不行的，因为它一经剁碎腌制后，就会变成稀糊状。而实际上，四川人一般只会选择两种辣椒作为原料，一种是二荆条辣椒（以成都近郊牧马山所产最为有名，

而产于简阳、乐至一带的也比较好），这种辣椒色泽红亮，椒角细长，椒尖有"J"形弯钩，肉厚味浓，辣而回甜。另一种则是红尖椒，这种辣椒的辣味较浓，籽较多，个儿较小。我们在制作"居家豆瓣酱"时，两种辣椒可以分别选用，也可混合使用。不过都以伏天产的为佳，这是因为如果拖到立秋后再制作豆瓣酱，不仅辣椒籽会变得更多，而且辣椒的肉质也会变得较硬了。

过去在四川的乡户人家，都是把自家种的红辣椒采回来后，洗净了放木盆里，然后加盐、香料等用刀剁碎，再用于制作豆瓣酱。虽说现在各大菜市场内都有一些专门替顾客用机器绞辣椒的商贩，但人们大多还是会选择刀剁辣椒，因为刀剁的辣椒成形比较好。

　　把辣椒剁到什么程度才算合适呢？其实也没有一个固定的标准，如果你制成的豆瓣酱多是用于烧菜，那就可以稍粗点；如果是既用于炒菜又用于调制蘸碟等，那也可以剁细点，一般以 0.3~0.5 厘米大小为宜。

　　制作豆瓣酱，各家都有各家的方式，而所加入的料除了霉豆瓣以外，还有的会加入鲜花椒和一些干香料，也有加生姜、大蒜等进去的。加这些东西进去，无非是为了增香，并形成某种独特的风味。

　　这里给大家介绍一种简单实用的方法。

　　先把霉豆瓣放入盆中，加入适量的白酒和盐拌匀（图1、图2），再加入剁好的辣椒拌匀（图3），装入坛里后，淋些生菜油进去（图4、图5），最后盖上坛盖并浇上坛沿水放置 30~45 天，经过自然发酵后，豆瓣酱就算制好了。

　　要提醒的是，辣椒剁好后一定要尽快制作，以防因气温高而导致辣椒变酸。如果来不及马上制作，也可先用盐溇起来。制作豆瓣酱时，辣椒和盐的比例一般为10：2，原则上是宁咸勿淡。而辣椒与霉豆瓣的比例一般在10：1至10：4之间，这可以根据各自的口味嗜好来确定所放比例。

　　除上面介绍的制法外，还可把霉豆瓣放入陶钵，加水后日晒夜露而致其发黑生出酱香，最后再与剁好的辣椒等拌匀制成豆瓣酱。不过也有人是把霉豆瓣与辣椒拌匀后，

还要再晒制几天才装坛，据说这样成品会更香。另外，在豆瓣酱做好以后，还有的人家会在里面加入胡萝卜块、芹菜段、大蒜、子姜等同腌，这样做的目的是增加蔬菜香味。

常言道，树上没有完全相同的两片树叶，而四川人在居家豆瓣酱的制作方面，也可以说是"千人有千法"，这当然是因为每户人家平常都习惯于依自己的口味喜好去灵活制作豆瓣酱。

· 了解各种名称的豆瓣酱 ·

大家可能会遇到诸如火锅专用豆瓣、炒菜专用豆瓣、细豆瓣、粗豆瓣等不同的叫法。由于目前调料市场上四川豆瓣酱的品种很多，所以对于某些叫法，有时连土生土长的四川人也不一定分得清楚。

依用途的不同，传统的豆瓣酱可以分为佐餐型豆瓣和调味型豆瓣。佐餐型豆瓣又称咸豆瓣，以资阳临江寺所产的金钩豆瓣较为出名，其实这就是在发酵成熟的豆瓣酱里加入金钩后，再经发酵制成的（也可加香油、火腿等辅料制成香油豆瓣、火腿豆瓣等）。这一类豆瓣具有回味微甜、香鲜醇厚、豆瓣酥软等特点。调味型豆瓣即辣豆瓣，其代表品种就是郫县豆瓣了，这一类豆瓣酱往往具有味辣不燥、酱体油润的特点。

在居家豆瓣酱介绍中，把霉豆瓣用酒拌后直接与辣椒拌匀（即不经过加水晾晒使其变黑）制作的豆瓣酱，入坛腌制后往往成色较为红艳，因此，以这种方式制作的居家豆瓣酱在业内被称为元红豆瓣（即第一红的豆瓣）。近年来，不少调味品厂家根据餐饮行业的情况，有针对性地开发出了一些豆瓣新品种，如红油豆瓣、火锅专用豆瓣、炒菜专用豆瓣等。至于说粗豆瓣与细豆瓣，那其实是针对豆瓣酱当中辣椒处理的粗细而言的。粗豆瓣的辣椒剁成小段状，较粗；细豆瓣的辣椒剁得比较细碎，因此下锅前不用剁细便可使用。细豆瓣的制法有两种，一种是加工豆瓣前就将鲜辣椒剁得较细碎，另一种则是把制好的粗豆瓣再次加工处理至细碎状。另外，在川菜饮食行业内还有阴豆瓣与阳豆瓣这类说法。其实，阴豆瓣就是指家制豆瓣酱，因为其制作过程中大多不经过晒、露等工序，往往是直接入坛发酵而成。而阳豆瓣则是指豆瓣酱厂以传统工艺生产出来的豆瓣酱，因为工厂加工豆瓣酱时，都要经日晒夜露，故而得名阳豆瓣。

· 豆瓣酱在川菜中的运用 ·

无论是哪种调味型的豆瓣酱，均可用于炒、烧、蒸等方法烹制菜品，尤其适用于家常、豆瓣、麻辣、鱼香等味型的调制。比如在传统的粉蒸肉（或排骨、肥肠、羊肉等）中，大多会把肉片用姜末、豆瓣酱、花椒粉、料酒等拌味后，再加入蒸肉米粉拌匀，然后放入蒸笼蒸熟，做成的菜家常风味浓郁。豆瓣酱用于炒菜时，一般需用温油炒出香味，再下主辅料烹制，这样制成的菜肴色泽及香味都较佳。此外，无论是鱼香味菜，还是麻辣味菜，豆瓣酱还可辅以泡椒、泡姜等调料以增酸香。

在餐饮业内流行一句话："粤厨做菜擅长调酱，川厨烹肴重视制油。"的确是这样的，川菜厨师擅长预制各种复合调味油，比如喜欢用豆瓣酱去预制豆瓣油，方便用于一些家常菜式的提色提味。

豆瓣油的做法是：锅里放5000毫升油烧热，下入100克姜片和200克葱段，待炸干水后捞出来，再把用清水泡过的八角、香叶、茴香等香料与2000克豆瓣酱一起

下锅小火慢炒，待把豆瓣酱里的水炒干且油色泛红时，出锅滤渣即得豆瓣油。豆瓣油具有色红味醇的特点，可在主辅料入锅前加入，也可在成菜后作尾油淋入。

另外，还可以用豆瓣酱制作油酥豆瓣和各种复制豆瓣酱，用于调制蘸碟或炒菜、烧菜等。油酥豆瓣，是用温油将豆瓣酱小火炒香后得到的。复制豆瓣酱则是把普通豆瓣酱入锅后，再加入姜末、葱末、蒜末、金钩末、火腿末、甜面酱、海鲜酱等调味料炒制而成的，炒制前应把豆瓣酱剁细，炒制时也需用小火。这类复制豆瓣酱的口味尤其丰富。

有人曾这样说过，豆瓣酱是一种万能酱，除热菜外，在川味火锅、小吃、凉拌中都有运用，但需注意一点，由于豆瓣酱本身较咸，其使用量不宜过大，使用后还需注意盐、酱油、蚝油等咸味调味料的用量。

四川泡菜

四川泡菜用料普通，制法家常。通常是将蔬菜类原料（如辣椒、萝卜、子姜、豇豆、青菜等）放入盛有泡菜盐水的坛中，借助乳酸菌发酵而成。四川泡菜可根据原料在坛内泡制时间的长短，分为陈年泡菜、当年泡菜和洗澡泡菜三种。陈年泡菜也叫老泡菜，泡制时间较长，一般为 2 ~ 5 年；当年泡菜泡制时间在 1 年以内；洗澡泡菜的泡制时间最短，多则两三天或几小时，短则只需要泡几分钟。

近几十年来，川菜有了长足的发展，而以泡菜为辅料或调料烹制出的泡菜风味菜，也为川菜增色不少。比如红遍全国的酸菜鱼，征服南北食客的泡椒系列菜、泡山椒系列菜、泡豇豆系列菜、酸萝卜系列菜、泡子姜系列菜等，都离不开泡菜的辅佐。

泡菜之于四川人，犹如豆浆之于北京人。在四川，无论哪家酒楼饭馆，都会制作出几道风味独特的洗澡泡菜以招揽食客。制作洗澡泡菜，离不开制作泡菜用的盐水。

·传统的洗澡泡菜盐水·

这种洗澡泡菜盐水虽然在四川民间很常见，但味道做得好的并不多。所泡原料以红皮萝卜、子姜等为主。

原料 冷开水 2500 毫升、盐 250 克、白酒 50 毫升、冰糖（或红糖）150 克、干花椒 10 克、干辣椒 30 克、香料袋 1 个（内装八角 10 克、山柰 10 克、桂皮 10 克、草果 2 个、香叶 5 克、大蒜 10 克）。

制法 把冷开水倒入陶制的泡菜坛里，下入香料、盐、白酒、冰糖（或红糖）、干花椒、干辣椒搅匀后，即可放入萝卜皮、子姜等进行泡制。泡时需浇坛沿水并加盖坛盖，另处还要将泡菜坛放置阴凉处。

说明 第一次泡原料时，最好选择红皮萝卜，并且泡的时间可以长些，根据季节的不同需 5 ~ 7 天。待盐水变酸且出香味后，再下入原料泡一两天，便可捞出来食用了。对于这种洗澡泡菜盐水，最好不要用来泡青笋或黄瓜之类的原料，否则容易变色坏水。

·新式的洗澡泡菜盐水·

这种洗澡泡菜盐水，具有酸辣开胃、快速简便的特点。配这种盐水时，是用野山椒和野山椒水作为主要原料，而适合泡的食材，一般为青笋、黄瓜、西芹、甜椒、洋葱、胡萝卜等。将这些食材先改刀处理成小条，只需泡 8 ~ 12 分钟，即可取食。此外，这种泡菜盐水还可用来泡凤爪、猪尾等。

原料 野山椒水 1200 毫升，野山椒圈 100 克，小米椒圈 50 克，白醋 150 毫升，白糖 75 克，盐 50 克，冷开水 400 毫升，味精、鸡精各少许。

制法 把以上备好的所有原料放入盆中，调匀了再倒入玻璃坛内，然后用于泡制各种荤素原料。

第二章 | 四川风味菜品

川

① 农家豆瓣子姜

🥗 原料 / 调料

子姜	150 克
红豆瓣酱	25 克
菜籽油	20 毫升
香葱段	适量
蒜末	适量
盐	适量
白糖	适量
味精	适量

🍲 制作方法

1. 把子姜片成薄片，先在凉水盆里浸透，再捞出来与香葱段一起装盘。

2. 另取红豆瓣酱、生菜油、蒜末、盐、白糖和味精调成豆瓣味汁，将其浇在盘中子姜片上即成。

烹调提示：菜油要用四川本当现榨的黄菜籽油。

2 椒麻鲜香菇

原料 / 调料

鲜香菇	200 克
葱叶	50 克
青花椒	10 克
椒麻鸡汁	适量
盐	适量
香油	适量
味精	适量

制作方法

1. 把鲜香菇洗净后切成块，下到沸水锅里焯熟，捞出来投凉。

2. 另取盐、味精、椒麻鸡汁、香油入碗，再将青花椒、葱叶剁成椒麻糊，加入碗中拌匀，入盆与焯过的鲜香菇一起拌匀，装盘便可上桌。

椒麻味汁通常与熟鸡肉相拌，而这里却创新性地把它与菌菇类原料搭配成菜。

3 生拌藠头

原料 / 调料

藠头	200 克
豆瓣酱	20 克
菜籽油	适量
白糖	适量
盐	适量
葱花	适量
味精	适量
醋	适量

制作方法

把藠头洗净，在放菜板上，用力拍破后再切碎，放入盆中加豆瓣酱、盐、味精、白糖和少许的醋拌匀后，再淋几滴菜籽油，装盘时撒些葱花即成。

4 苦菊石榴香

 原料 / 调料

越南春卷皮	10 张
红豆	80 克
芦笋粒	80 克
苦菊	80 克
盐	适量
葱叶	适量
味精	适量
香油	适量
鱼子酱	适量

 制作方法

1. 把红豆和芦笋粒在沸水锅里焯熟，捞出来放入碗中，加盐、味精和香油拌成咸鲜味；另把春卷皮装在保鲜袋里，入笼蒸软后取出来。

2. 用春卷皮逐一包入红豆、芦笋粒和苦菊使其成石榴状，再用葱叶扎好口以后，点缀鱼子酱即成。

6 长寿秋葵

 原料 / 调料

秋葵	2000 克
香醋	5 毫升
辣鲜露	5 毫升
美国辣椒仔	5 毫升
葱花	适量
蒜末	适量
白糖	适量
橄榄油	适量
盐	适量
味精	适量
色拉油	适量

5 豆芽拌木耳

原料 / 调料

水发木耳	200 克
豆芽	100 克
鲜小米椒段	适量
葱段	适量
盐	适量
醋	适量
鲜露	适量

制作方法

把秋葵切去两端，剖成两半，再放入加有色拉油的沸水锅里，煮 1 分钟便捞出来，浸入冰水里凉透。捞出来装盘后，浇上用香醋、辣鲜露、美国辣椒仔、白糖、橄榄油、葱花、蒜末、盐和味精调成的鲜辣味汁，拌匀即成。

烹调提示：美国辣椒仔是一种成品辣椒调味汁。

制作方法

1. 把水发木耳洗净，入沸水锅焯一下后，捞出来过凉并沥水。再把豆芽入沸水锅焯至断生，捞出来晾凉待用。

2. 把木耳与豆芽放入盆中，加鲜小米椒段、葱段、盐、醋和鲜露拌匀，装盘即成。

7 手工凉粉

🥗 原料 / 调料

红薯粉	200 克
蒜水	适量
盐	适量
豆豉	适量
花椒面	适量
葱花	适量
红油	适量
薄荷叶	适量

🍲 制作方法

1. 先把红薯粉放盆里，加适量的水浸泡 20 分钟。

2. 锅上火并加水烧开，把红薯粉浆倒进去，然后用手勺不停地搅动，大约 10 分钟后，粉浆就会糊化凝固（在此过程中须小火加热），起锅分装盛器里，晾凉备用。（图 1~4）

3. 取蒜水、盐、豆豉、花椒面、葱花和红油放碗里调匀，再浇在盘中凉粉上，放上薄荷叶点缀即成。（图 5）

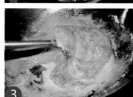

B 椿芽白肉

原料 / 调料

猪腿肉	400 克
黄瓜片	100 克
椿芽	60 克
油酥花生米	15 克
姜	适量
葱	适量
料酒	适量
花椒	适量
蒜末	适量
盐	适量
味精	适量
白糖	适量
醋	适量
酱油	适量
红油	适量

制作方法

1. 把猪腿肉放到加有姜、葱、料酒、花椒的沸水锅里，煮熟便捞出来切成薄片。另将椿芽洗净，入沸水锅飞一下后，捞出来切成末。

2. 盘中用黄瓜片打底，铺上猪肉片后，把蒜末、盐、味精、白糖、醋、酱油和红油调成的蒜泥味汁浇上去，撒些椿芽末和油酥花生末。上桌后，现拌匀即可食用。

⑩ 芹香牛肉

🥘 原料 / 调料

牛肉	500 克
芹菜段	150 克
海带丝	80 克
泡小米椒末	30 克
姜末	20 克
蒜末	10 克
刀口辣椒面	适量
花椒面	适量
葱花	适量
香菜碎	适量
盐	适量
味精	适量
鸡精	适量
香叶	适量
菜油	适量

🍲 制作方法

1. 把牛肉切块放入沸水锅里，加适量香叶煮熟，捞出来晾凉后，切成片。

2. 净锅入菜油烧热，先下泡小米椒末、姜末和蒜末炒香，舀入煮牛肉原汤并加入牛肉片煮一会儿，调入盐、味精和鸡精，起锅倒入垫有提前焯熟的芹菜段和海带丝的汤碗里，撒上刀口辣椒面、花椒面、葱花和香菜碎，即成。

⑨ 剔骨肉

🥘 原料 / 调料

带肉的猪棒骨	600 克
姜片	适量
葱结	适量
自制蘸水	1 碟

🍲 制作方法

把带肉的猪棒骨在沸水锅里氽水后，捞出来放到加有姜片和葱结的沸水锅里煮熟。出锅后，把棒骨上边的肉剔下来，改刀成片装盘后，配自制的蘸水碟一起上桌。

烹调提示：自制蘸水的做法是取炒香的豆瓣酱放入碗中，加青红小米椒粒、盐和味精，拌匀即可。

⑪ 椒香小牛腱

🥗 原料 / 调料

牛腱子肉	500 克
白卤水	1 锅
青二荆条辣椒	50 克
香菜末	30 克
小米辣碎	适量
盐	适量
鸡粉	适量
辣鲜露	适量
麻辣鲜露	适量
醋	适量

🍲 制作方法

1. 把牛腱子肉放白卤水锅里卤熟，捞出来切成薄片后，放盘里摆好待用。

2. 把青二荆条辣椒剁碎，放入盆中加盐、鸡粉、辣鲜露、麻辣鲜露、醋和适量的凉白开，调匀后浇在牛肉片上面，另外撒入香菜末和小米辣碎即成。

⑫ 茄香牛腱

🥗 原料 / 调料

白卤牛腱子肉	150 克
茄子	1 根
青二荆条辣椒	80 克
大蒜	20 克
盐	适量
味精	适量
生菜油	适量

🍲 制作方法

1. 把茄子从中间剖开，在上面撒上适量的盐和味精，送入蒸柜蒸熟以后，取出来待用。

2. 把白卤牛腱子肉切成片，码放在蒸熟的茄子上。

3. 取青二荆条辣椒和大蒜，先用小火烧香，然后剁碎装入碗里，调入盐、味精和生菜油拌匀以后，舀在牛腱子肉上面即成。

13 凉拌牛肚

这是在"夫妻肺片"的基础上改良而来的一道菜，味型属于怪味。

原料 / 调料

白卤牛肚	180克
鲜萝卜片	100克
葱段	适量
姜末	适量
盐	适量
白糖	适量
味精	适量
香醋	适量
花椒面	适量
红油	适量
香菜段	适量

制作方法

把白卤牛肚切成片，放入盆中，加入鲜萝卜片、葱段、姜末、盐、白糖、味精、香醋、花椒面和红油，拌匀装盘后，点缀些香菜段即可。

14 开胃草原肚

原料 / 调料

草原肚	300克
洋葱丝	适量
香菜段	50克
小米椒末	适量
野山椒末	适量
酸菜丝	15克
盐	适量
料酒	适量
生抽	适量
味精	适量
醋	适量
野山椒水	适量
香油	适量

制作方法

把草原肚洗净后，投入加有料酒的沸水锅里汆至断生，捞出来投凉后，加入洋葱丝、香菜段、小米椒末、野山椒末和酸菜丝，同时调入盐、生抽、味精、醋、野山椒水和香油，拌匀装盘即成。

15 风味千层肚

 原料 / 调料

千层肚	300 克
香菜段	100 克
青二荆条辣椒圈	10 克
小米椒圈	10 克
美极鲜	适 量
辣鲜露	适 量
盐	适 量
白糖	适 量
鸡精	适 量
味精	适 量
藤椒油	适 量
川味白卤水	1 锅

制作方法

1. 把千层肚切成丝洗净后，投入川味白卤水锅里卤熟，捞出来待用。

2. 把香菜段装盘，摆上千层肚丝并撒上青二荆条辣椒圈和小米椒圈后，浇入用美极鲜酱油、辣鲜露、藤椒油、鸡精、味精、盐和白糖调成的味汁，拌匀即成。

16 韭香蘸水兔

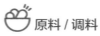 原料 / 调料

烫皮兔	200 克
黄瓜丝	150 克
韭菜末	80 克
蒜末	50 克
小米椒末	50 克
香菜末	30 克
鲜露	50 毫升
辣鲜露	30 毫升
一品鲜酱油	50 毫升
香油	10 毫升
盐	适量
味精	适量
白糖	适量
料酒	适量
姜片	适量
葱段	适量
香菜梗	适量

制作方法

1. 烫皮兔先用盐、料酒、姜片、葱段和香菜梗腌制入味，待放入沸水锅里煮熟后，捞出来拆骨并压紧成型，然后再上笼蒸 15 分钟，取出来晾凉待用。

2. 把已经成型的兔肉切成片，摆在垫有黄瓜丝的盘里，同时撒入韭菜末，淋入用蒜末、小米椒末、香菜末、鲜露、辣鲜露、一品鲜酱油、香油、盐、味精和白糖调配的味汁并撒葱段即成。

17 农家手撕鸡

原料 / 调料

土公鸡	1 只（约 2000 克）
姜片	20 克
葱段	30 克
盐	适量
料酒	适量
胡椒粉	适量
鸡精	适量
味精	适量
栀子	适量
八角	适量
草果	适量
香叶	适量
鲜辣酱油味碟	1 个
干辣椒面味碟	1 个

制作方法

1. 把土公鸡宰杀洗净后，内外皆用盐、料酒和胡椒粉抹匀，然后腌制 2 小时。

2. 大锅里倒入清水，加入盐、料酒、姜片、葱段、鸡精、味精、栀子、八角、草果和香叶烧沸后，放入腌好的整鸡煮熟，待关火闷 1 小时后，捞出来挂晾吹干表皮，再拆骨取鸡肉，撕成条装盘，随鲜辣酱油味碟和干辣椒面味碟上桌供蘸食。

18 凉面鸡杂

原料 / 调料

鸡杂	200 克
细圆面条	200 克
卤水	1 锅
盐	适量
姜末	适量
蒜末	适量
花椒粉	适量
熟芝麻	适量
鸡汤	适量
红油	适量
花椒油	适量
香油	适量
香菜叶	少许

制作方法

1. 把细圆面条下沸水锅里，煮至刚断生即捞出，加香油拌匀并晾凉待用。另把鸡杂洗净，在卤水锅里卤熟后，捞出切成片。

2. 将凉面放窝盘里垫底，上面放鸡杂片并浇上用鸡汤、姜末、蒜末、盐、花椒粉、熟芝麻、红油和花椒油调成的红油味汁，点缀些香菜叶即可。

19 手撕鸭

　　这道手撕鸭突出的是鲜香风味，也就是用小米椒提辣味，用花椒油和藤椒油提麻香味，同时，还要辅以大量的葱白丝、香菜和酥花生仁以丰富成菜的口感。

原料 / 调料

光鸭	1只(约1500克)
葱白丝	80 克
香菜段	40 克
小米椒末	30 克
酥花生米	25 克
盐	适 量
味精	适 量
白糖	适 量
一品鲜酱油	适 量
花椒油	适 量
藤椒油	适 量
香油	适 量
卤水	1 锅

制作方法

1. 把光鸭先在沸水锅里氽一下，捞入卤水锅里（提拉几下），改小火浸卤至鸭肉入味，捞出来晾凉。（图1）

2. 把卤鸭剔去大骨，再把鸭头和鸭脚摆在盘子的两边做装饰。取鸭肉撕碎放入盆中后，加一品鲜酱油、味精和白糖拌匀。（图2、图3）

3. 把小米椒末和葱白丝放入另外一个盆里，加少量的盐拌匀腌味后，再抓入装有鸭肉丝的盆里，调入花椒油、藤椒油和香油，最后放入香菜段并撒上酥花生米，拌匀即成。（图4）

20 搓椒三文鱼

　　此菜在刺身三文鱼的基础上玩了点小花样，把川菜的搓椒味汁作为三文鱼片的蘸汁。

原料 / 调料

三文鱼肉	200 克
黄瓜片	80 克
搓椒	30 克
姜末	10 克
蒜末	10 克
香菜末	10 克
黄酒	30 毫升
东古一品鲜	30 毫升
香醋	20 毫升
美极酱油	5 毫升
白糖	少许
鸡汁	少许

制作方法

1. 把三文鱼肉切片后，摆在垫有黄瓜片的窝盘里；将搓椒、姜末、蒜末、香菜末、黄酒、东古一品鲜、香醋、美极酱油、白糖和鸡汁放入碗中，调匀便得到搓椒味汁。

2. 把三文鱼肉和搓椒味汁一起上桌，既可夹鱼片蘸味汁食用，也可把味汁倒在鱼肉上边，拌匀食用。

21 椒香凉拌草鱼

原料 / 调料

草鱼	1条（约750克）
香菜段	50克
芹菜段	50克
小米椒粒	100克
姜末	15克
藤椒油	20毫升
葱段	适量
盐	适量
姜葱汁	适量
料酒	适量
醋	适量
鸡精	适量
味精	适量

制作方法

1. 把草鱼宰杀洗净并剁成块，用盐、姜葱汁和料酒腌渍入味后，放沸水锅里煮熟，捞出来投凉。

2. 把香菜段、芹菜段、葱段、小米椒粒、姜末、盐、鸡精、味精、藤椒油、醋和适量的凉白开一起放入盆里，调成鲜辣椒香味汁并静置片刻。

3. 把煮好的鱼块装入汤盆里，浇上之前调好的鲜辣椒香味汁，浸泡入味便可食用。

22 热拌鱼

此菜突出的是豉油、红油与多种增香小料相融合所呈现出来的特殊风味，吃起来鱼肉细嫩，香鲜扑鼻。

原料 / 调料

带皮草鱼肉	1 扇（约 500 克）
榨菜粒	20 克
折耳根粒	20 克
二荆条青椒圈	20 克
香菜末	20 克
芹菜粒	20 克
葱花	20 克
酥花生米	20 克
豉油	50 毫升
美极酱油	20 毫升
红油	30 毫升
盐	适量
味精	适量
鸡精	适量
鸡汁	适量
化猪油	适量

制作方法

1. 把草鱼肉面斜剞十字花刀，随后下入加有化猪油、盐、味精和鸡精的沸水锅里，小火浸煮后，捞出装盘。（图 1、图 2）

2. 把豉油、美极酱油、味精和鸡汁调成味汁，浇在盘中鱼肉上边，再撒入榨菜粒、折耳根粒、二荆条青椒圈、香菜末、芹菜粒、葱花和酥花生米，最后把红油浇上去即成。（图 3 ~ 5）

四川风味家常菜

23 脆皮小河鱼

原料 / 调料

小河鱼	300 克
花椒面	100 克
豉油	100 克
味精	100 克
醋	100 克
红油辣椒	100 克
葱花	100 克
芹菜花	100 克
香菜花	100 克
蒜末	100 克
姜片	适量
葱段	适量
盐	适量
胡椒粉	适量
料酒	适量
干生粉	适量
菜油	适量

制作方法

1. 将小河鱼宰杀洗净，放入盆中，加盐、胡椒粉、姜片、葱段和料酒腌渍20分钟，用干生粉拍匀后待用。

2. 锅里放菜油，烧至七成热时下小河鱼，炸至外酥内嫩时便捞出来，沥油装盘。（图1、图2）

3. 另取小碗，放入花椒面、豉油、味精、醋、红油辣椒、葱花、芹菜花、香菜花和蒜末，拌匀浇在盘中鱼身上即成。（图3、图4）

24 香糟鲫鱼

原料 / 调料

鲫鱼	500 克
香糟汁	300 克
姜	适量
葱	适量
芹菜	适量
盐	适量
料酒	适量
色拉油	适量

制作方法

1. 把鲫鱼宰杀洗净，加姜、葱、芹菜、盐和料酒，腌入味。锅中倒入色拉油加热至六成热时，放入腌入味的鲫鱼，浸炸至香酥，捞出控油备用。（图1~3）

2. 把炸好的鲫鱼放香糟汁里，浸泡2小时让其浸入味即成。（图4）

烹调提示：香糟汁做法是净锅入红油烧热，先下姜末、葱末、蒜末和芹菜末炒香，再倒入适量的水，加入白糖、醪糟、香醋、鸡精和味精，用小火熬5分钟，滤出料渣即成香糟汁。

25 小葱米椒铺盖虾

原料 / 调料

鲜活的大虾	15 只
小米椒末	20 克
葱段	30 克
蒜末	15 克
洋葱丝	40 克
香菜段	15 克
盐	适量
料酒	适量
味精	适量
白糖	适量
醋	适量
豉油	适量
辣鲜露	适量
干淀粉	适量
藤椒油	适量
香油	适量

制作方法

1. 把大虾去头留尾，剥出虾肉，再从背部进刀，片成相连的两半后放菜板上，撒些干淀粉扑匀，然后用擀面杖轻轻敲成大薄片，拿起来抖去多余的淀粉。依法逐一制作完成15只虾敲。（图1）

2. 净锅里加入清水烧沸，淋少许料酒并保持微沸状态，提起虾敲逐一下锅，氽至虾肉色发白时，捞出来投凉。（图2、图3）

3. 取小米椒末和蒜末放入盆中，加入豉油及盐、味精、白糖、醋、辣鲜露、藤椒油、香油等，拌匀成味汁，再把氽熟的虾敲、葱段、洋葱丝和香菜段倒进去，拌匀即成。（图4）

烹调提示：

1. 在把大虾制成虾敲时，要留虾尾，因为后面下锅氽熟后，虾尾会变得通红，虾肉片则变得雪白，最后成菜色泽才佳。在敲虾肉时，动作要轻柔，边敲边扑干淀粉，直到虾肉被敲成薄片并沾匀淀粉。提醒一下，这时还要抖去多余的淀粉。

2. 在氽制虾敲时，锅里的清水要保持"似沸非沸"的状态，俗称"阴阳水"。这是因为如果水大沸，那么就容易把虾敲"冲"碎烂，而要是水温不够90℃，那么虾敲又容易脱浆。另外，虾敲片在投入沸水锅后，不宜马上搅动，一定要等到虾敲定形后才可以用筷子去轻轻翻动。而虾肉刚熟就得捞出来，否则肉质会变老。

3. 除了可调成鲜椒酸辣味以外，还可以调成麻辣味、红油味、蒜泥味、怪味、椒麻味等。另外，凉拌虾的配料可选青笋、芹菜、黄瓜及洗澡泡菜（泡萝卜、泡儿菜、泡青菜），因为这些脆爽的原料与虾肉细嫩弹牙的口感能够形成对比，从而使成菜更爽口。

  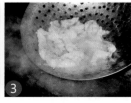 

26 麻辣口福螺

原料 / 调料

田螺肉	150 克
姜片	适量
葱段	适量
辣椒面	适量
花椒面	适量
盐	适量
胡椒粉	适量
花雕酒	适量
色拉油	适量

制作方法

1. 把田螺肉放入碗中，加姜片、葱段、胡椒粉、花雕酒和盐腌 20 分钟后，再入沸水锅里煮至熟透，捞出来待用。

2. 净锅放色拉油，烧至五成热时，下螺肉炸至色金黄略干香便倒出来沥油，放入碗中，加辣椒面、花椒面和盐，拌成麻辣口味装盘上桌。

1 虎皮素菜盒

🥗 原料 / 调料

泡好的豆腐衣	1 大张
针笋丝	150 克
蛋清豆粉糊	适量
小米椒末	适量
辣鲜露	适量
蒜末	适量
味精	适量
香油	适量
藤椒油	适量
色拉油	适量

🍲 制作方法

1. 把针笋丝投入沸水锅焯一下，捞出来放入碗中，加适量的小米椒末、辣鲜露、蒜末、味精、香油和藤椒油拌成鲜辣椒麻口味。用豆腐衣将调好味的针笋丝包起来卷成长卷，再用蛋清豆粉糊封好口。

2. 净锅放色拉油烧至六成热，下入腐衣针笋卷，炸至表面起虎皮斑时，捞出来改刀成段装盘，稍加点缀即成。

2 开心茄排

此菜虽然选料平常，但成菜的效果却非同寻常。其制作关键在于掌握好炸制茄排的火候，以达到酥香的口感。

原料 / 调料

茄子	500 克
鸡蛋	1 个
柠檬	1 个
面包糠	150 克
盐	适量
麻辣味料	适量
生粉	适量

 制作方法

1. 把茄子削去皮，先是改刀成长方体，然后切成约 0.2 厘米厚的长方片。（图 1）

2. 把鸡蛋磕入碗里，加适量盐，挤入适量柠檬汁并加生粉调成蛋糊，再把茄片逐一拖蛋糊并粘匀面包糠，做成茄排生坯。（图 2、图 3）

3. 净锅上火，放油烧至四五成热时，下茄排生坯并以中小火浸炸至色呈金黄，捞出来装盘后，配麻辣味料一起上桌。（图 4、图 5）

4 炒沙蚕豆

 原料 / 调料

新鲜蚕豆	240 克
野葱段	30 克
盐	适量
色拉油	适量

制作方法

1. 先把新鲜蚕豆洗净，在铁锅里干焙至水汽稍干且半熟时，盛出来。

2. 把锅洗净，重新上火放色拉油，下入焙过的蚕豆并加盐，炒至部分脱壳翻沙时，撒入野葱段快速炒香，起锅装盘即可。

3 厚皮菜炒蚕豆

　　新鲜蚕豆大量上市之际，可用其做出很多乡土菜，如折耳根拌蚕豆、椿芽拌蚕豆、厚皮菜炒蚕豆等。

原料 / 调料

厚皮菜	200 克
新鲜蚕豆	200 克
姜末	适量
蒜泥	适量
葱段	适量
干辣椒段	适量
盐	适量
菜油	适量

制作方法

1. 把蚕豆与厚皮菜先分别在沸水锅里焯熟，捞出沥水。

2. 取锅放菜油，炒香姜末、蒜泥、干辣椒段，然后再把厚皮菜、蚕豆、葱段下锅一同炒制成菜，加盐调味即可。

5 颗颗酥

颗颗酥是用蚕豆为主料制作的一道传统下酒菜，因为现在市场有多种成品出售，故餐馆一般不再自己制作。其实，颗颗酥的制作方法并不难，可以提前批量炸制出来，上菜时再现拌成麻辣、糖醋、怪味等味道，简单快捷。

原料 / 调料

大白蚕豆	300 克
葱花	适量
盐	适量
白糖	适量
味精	适量
花椒面	适量
色拉油	适量

制作方法

1. 用清水将大白蚕豆浸泡两天，逐一在其表面划几道小口子，继续放水盆里浸泡一天后，倒出来沥水待用。

2. 锅里放大量的色拉油，冷油即倒入蚕豆，然后开小火慢慢地炸制。当看到蚕豆表面已经变黄，用漏勺捞出来时能听到脆响，便可倒出来沥油，然后放盆里晾凉待用。（图1、图2）

3. 取适量炸好的蚕豆放入拌味瓢里，再加入盐、白糖、味精和花椒面，拌匀后装盘，撒上葱花即成。（图3、图4）

烹调提示：等炸油晾凉后，可倒进装蚕豆的盆里，这样炸好的蚕豆存放几天也不会回软。

⑥ 干煸芋头

干煸是川菜独有的一种技法，既适用于荤类原料，也适用于像四季豆、冬笋一类的素料。不过像这样把"干煸"技法用于烹制芋头，目前还不多见。对于芋头这类不易熟的原料，在下锅干煸之前，都需要先经过熟处理。

🍲 原料 / 调料

小芋头	500 克
郫县豆瓣	适量
姜末	适量
蒜末	适量
豆豉碎	适量
鲜红椒碎	适量
腐乳	适量
酥花生米	适量
葱花	适量
盐	适量
色拉油	适量

🍲 制作方法

1. 把小芋头削皮洗净放盆里，加适量盐并倒入清水（以刚盖住芋头为宜），上笼蒸熟后，倒出来沥水待用；把剁碎的郫县豆瓣、姜末、蒜末、豆豉碎、鲜红椒碎、腐乳和酥花生米放一起搅匀，调成干煸料待用。

2. 锅里放色拉油烧至六成热，下入蒸好的芋头炸至表面稍硬时，倒出来沥油。

3. 锅留底油，先下芋头稍加煸炒，再放入干煸料炒香上色，起锅前撒入葱花翻匀即可。

7 葱香芋头

原料 / 调料

去皮小芋头	500 克
熟猪肉末	50 克
蚝油	20 毫升
葱花	20 克
小米辣末	15 克
姜末	适量
蒜末	适量
盐	适量
味精	适量
鸡精	适量
生粉	适量
鲜汤	适量
色拉油	适量

制作方法

1. 把芋头下入加有盐的沸水锅里，煮至软熟便捞出，晾凉后放冰箱冷藏室待用。（图1）

2. 净锅里放色拉油，烧至六成热时，把芋头放漏瓢内，撒些干生粉拌匀，再下油锅炸至芋头皮酥微黄，倒出来沥油。（图2～4）

3. 锅里留底油，下入姜末、蒜末、小米辣末和熟猪肉末，炒香后倒入适量鲜汤烧开，再放入蚝油、盐、味精和鸡精。（图5、图6）

4. 接下来倒入炸好的芋头，用小火煨透，再勾少许湿生粉并改大火收汁，待猪肉末粘裹在芋头表面以后，起锅装盘并撒上葱花，最后浇少许的热油激香，即可上桌。（图7）

烹调提示：应当注意油炸时的火候和油温，以免炸出来的芋头相互粘连。

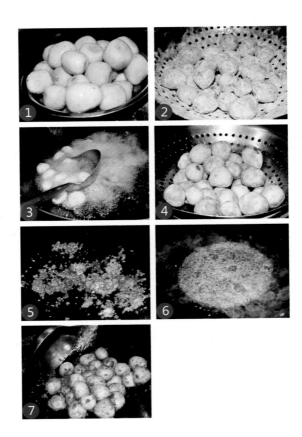

8 泡菜土豆片

原料 / 调料

土豆 —————————— 500 克
泡菜 —————————— 100 克
葱花 —————————— 50 克
干辣椒段 —————————— 适量
味精 —————————— 适量
色拉油 —————————— 适量

制作方法

1. 土豆削皮切成片,放清水盆里漂洗后捞出来沥水;把泡菜切碎。

2. 锅中倒入色拉油烧热,投入干辣椒段炝香后,再下入土豆片和泡菜碎炒至断生,出锅前调入味精,炒匀撒入葱花即成。

9 炕豆腐

这道豆腐菜是把豆腐片
放入油锅，只煎底部，并且
要煎至其金黄硬挺，然后往
锅里加入豆瓣酱等调料烧入
味，大翻勺后便可出锅装盘。

原料 / 调料

豆腐	600克
豆瓣酱	30克
姜末	15克
蒜末	15克
葱末	15克
葱花	适量
盐	适量
湿生粉	适量
红油	适量
菜油	适量
鲜汤	适量

制作方法

1. 净锅上火放菜油，烧至五六成热时，
把切成约0.8厘米厚的豆腐方块放
油锅小火煎制，煎时还需往豆腐上
均匀地撒一点盐。（图1）

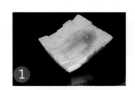

2. 待煎至豆腐块底部金黄时，放入姜
末、蒜末、葱末和豆瓣酱，一边煎
一边晃动铁锅，让味料与豆腐充分
融合。倒入适量鲜汤并调好口味略
烧一会儿后，用湿生粉勾芡，颠锅
大翻勺让豆腐块整体翻面。（图2、
图3）

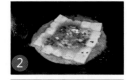

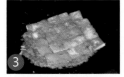

3. 往豆腐块上面淋适量的红油，撒
入葱花并轻轻地滑入盘中，即成。
（图4）

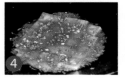

⑪ 酸菜炒豆渣

这里把豆渣与酸菜同炒成菜，而如此利用豆渣在以往并不多见。

 原料 / 调料

豆渣	200 克
酸菜末	50 克
小米椒末	10 克
蚝油	适量
一品鲜酱油	适量
香油	适量
葱花	适量
化猪油	适量

制作方法

1. 把豆渣先在锅里炒至干香，铲出来待用。

2. 净锅里放化猪油烧热，下入酸菜末和小米椒末炒香后，放入炒干的豆渣，边炒边调入蚝油和一品鲜酱油，出锅前淋香油并撒葱花，炒匀便可装盘上桌。

⑩ 腊肉小煎脆豆腐

原料 / 调料

腊肉	240 克
脆豆腐	300 克
青红椒段	80 克
蒜片	适量
盐	适量
东古酱油	适量
白糖	适量
味精	适量
菜油	适量

制作方法

1. 把脆豆腐切成约 0.5 厘米厚的片，再倒入五成热的菜油锅，炸透后倒出来控油。

2. 把腊肉切成薄片后，下入五成热的油锅里炸熟，捞出来待用。

3. 锅里留少许油烧热，先下入青红椒段和腊肉片翻炒几下，再把脆豆腐片放进去，边炒边调入蒜片、东古酱油、盐、味精和白糖，炒香便可出锅装盘。

排骨回锅肉

原料 / 调料

猪五花肉	200 克
猪排骨	200 克
青椒	120 克
蒜片	适量
黑豆豉	适量
豆瓣酱	适量
酱油	适量
白糖	适量
味精	适量
色拉油	适量

制作方法

1. 把猪五花肉和排骨在沸水锅里煮至刚熟时，捞出来晾凉，随后分别改刀成片和小块；把青椒切成滚刀块。

2. 净锅入色拉油烧热，把猪五花肉片和排骨块下锅，爆炒至五花肉片呈灯盏窝状时，放入蒜片和青椒块，再加黑豆豉和豆瓣酱一起炒香，临出锅前调入酱油、味精和白糖，起锅装盘。

回锅肉，川人对其做法应该都不陌生，那么，这里提到的"水爆"又是怎样的一种新奇做法呢？

与过去粮食喂养的猪相比，现在饲料喂养的猪因为肉质较为松散、鲜味不浓、水分过多等原因，导致用其烹制出来的回锅肉普遍缺少肉香味。针对这种情况，有人尝试改变回锅肉的传统烹制方法，即猪肉不经水煮，而是直接切成片下锅"水爆"至熟，此举解决了猪肉在水锅里煮制时部分鲜味物质流失的问题。此外，以这样的方法来做回锅肉，肉片也更容易起"灯盏窝"。

13 水爆回锅肉

 原料 / 调料

肥瘦各半的猪二刀肉	400 克
青蒜苗	80 克
郫县豆瓣	适量
醪糟汁	适量
红糖水	适量
甜面酱	适量
豆豉	适量
料酒	适量
化猪油	适量

🍲 制作方法

1. 分别把肥瘦各半的猪二刀肉切成稍厚的大片，青蒜苗切段，郫县豆瓣剁碎；把醪糟汁、红糖水、甜面酱和料酒放碗里，调匀成味汁待用。（图1）

2. 炒锅放化猪油烧热，下猪肉片爆炒至七八分熟时，倒入适量的清水（以刚淹没肉片为宜），随即盖上锅盖"水爆"。（图2～4）

3. 当听到锅内连续地发出声响（表示水将烧干）时，揭盖滗出多余的油脂，倒入调好的味汁翻匀以后，下豆豉和剁碎的郫县豆瓣炒香出色，最后投入青蒜苗段，翻匀便可出锅装盘。（图5、图6）

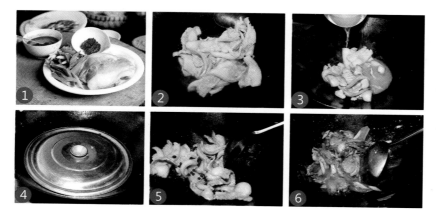

烹调提示："水爆"的过程中，最好不揭开锅盖。往味汁里加红糖水，能促使成菜的颜色和味道更佳。在放蒜苗段翻炒前，可再往锅里加少许的汤，目的是让猪肉回软，从而使成菜口感变得更滋润。

14 高粱粑回锅肉

🍱 **原料 / 调料**

五花肉片	300 克
高粱粑	200 克
蒜苗段	60 克
盐	适量
味精	适量
菜油	适量
蒜片	适量
豆瓣酱	适量
白糖	适量
姜片	适量
生粉	适量

 制作方法

1. 把高粱粑切成厚片，撒入生粉后拌匀，下入六成热的油锅，炸熟便捞出来控油。（图 1～3）

2. 把切好的五花肉片放沸水锅里煮 1 分钟，捞出来控水后，再下五成热的菜油锅里，炸 1 分钟便倒出来沥油。（图 4～6）

3. 锅里留少许油烧热，先下五花肉片翻炒，等到下入蒜片、姜片和豆瓣酱炒香后，再把高粱粑和蒜苗段放进去，边炒边调入白糖、味精、盐调味，炒拌均匀起锅装盘即可。（图 7、图 8）

15 泰汁酥肉

原料 / 调料

酥肉块	300 克
泰国鸡汁	100 毫升
葱花	适量
色拉油	适量

制作方法

1. 把酥肉块下入加热好的色拉油锅里回炸至酥脆，捞出来沥油备用。

2. 锅留底油，放入泰国鸡汁炒热后，下酥肉块裹匀，出锅装盘，撒上葱花即成。

16 锅巴红烧肉

原料 / 调料

红烧肉块	300 克
锅巴	100 克
干辣椒段	适量
花椒	适量
姜粒	适量
蒜粒	适量
大葱粒	适量
盐	适量
白糖	适量
醋	适量
老抽	适量
湿生粉	适量
煳辣油	适量
色拉油	适量

制作方法

1. 锅中倒入色拉油烧热，把红烧肉块和锅巴分别入油锅炸过，倒出来沥油待用。

2. 净锅上火，先放煳辣油、花椒、干辣椒段、姜粒、蒜粒和大葱粒炒香，在放入红烧肉块和锅巴后，烹入用盐、白糖、醋、老抽和湿生粉调成的味汁，炒至收汁亮油即可装盘。

⑰ 鲜椒粉丝排骨

这道干锅菜，与常见的麻辣口味或香辣口味的干锅菜不同，除了用香辣油调味之外，还借鉴了川南自贡菜用小米辣和青尖椒来调味的手法，同时辅以鲜青花椒来增香。

此菜还有一个亮点，就是巧炒融合了粉丝鹅掌、干捞水晶粉丝等菜的某些做法。需要说明的还有一点，就是要求成菜后的排骨外酥香内滋润，要求粉丝吃起来爽滑绵软、不粘不黏。

🍲 原料/调料

猪排骨	600 克
水发水晶粉丝	350 克
小青椒段	400 克
土豆条	200 克
藕条	150 克
小米辣段	50 克
鲜青花椒	25 克
姜片	30 克
蒜片	35 克
葱段	40 克
小炒汁	40 毫升
干青花椒	6 克
十三香粉	适量
盐	适量
料酒	适量
嫩肉粉	适量
白糖	适量
味精	适量
鸡精	适量
生粉	适量
香油	适量
藤椒油	适量
色拉油	适量
香辣油	150 毫升

🍳 制作方法

1. 把排骨剁成小段，放入盆中加盐、料酒、嫩肉粉和生粉，经码味上浆后，放冰箱冷藏室静置待用。（图1）

2. 净锅里放色拉油，烧至五成热时下排骨段，炸至外酥内熟时再倒入土豆条，将土豆条炸至断生便倒出来沥油待用。
（图2、图3）

3. 锅里放香辣油，下姜片、蒜片、小米辣段、干青花椒、鲜青花椒和藕条炒香，接着倒入排骨块和土豆条同炒，再烹入小炒汁并加盐、十三香、白糖、味精和鸡精翻炒。（图4~6）

4. 炒至香味浓郁时，加入小青椒段和葱段，炒匀才把水发水晶粉丝下锅，边炒边淋香油和藤椒油，起锅装在不锈钢圆盘里即成。
（图7、图8）

烹调提示：在涨发粉丝时，要将干粉丝先在沸水盆里浸泡5分钟，然后捞出来用冷水冲凉，沥干再用。这样泡出来的粉丝，能保证其无硬心、不粘连，成菜容易入味。

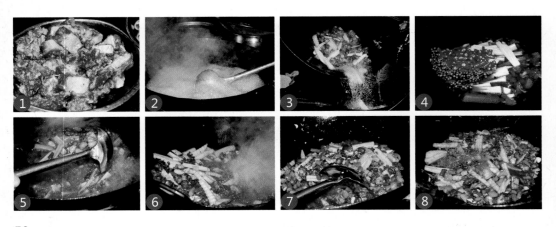

18 麦香美蹄

原料 / 调料

猪前蹄	450 克
青小麦	300 克
姜粒	适量
蒜粒	5 克
小米椒段	适量
香辣酱	适量
盐	适量
五香粉	适量
味精	适量
辣椒油	适量
色拉油	适量
川式卤水	1 锅

制作方法

1. 把猪蹄洗净，斩成块，再用清水冲洗除去血水，投入沸水锅中汆一下，再捞入川式卤水锅卤熟，捞出待用。另把青小麦泡涨，滤干放入盆中，加盐、五香粉拌匀，上笼蒸 10 分钟便取出。

2. 净锅里放色拉油烧热，先把卤熟的猪蹄块和青小麦分别在油锅里炸一下，倒出沥油。锅里留底油，放辣椒油、小米椒段、姜粒和蒜粒炒香后，下入炸好的猪蹄块和青小麦，边炒边加盐、味精和少许的香辣酱，炒匀便可起锅装盘。

🅚 臊子粉丝煲

🥗 原料 / 调料

预制好的臊子粉丝 —— 400 克
莲白丝 —————— 300 克
红油 ——————— 10 毫升
香油 ——————— 5 毫升

🍲 制作方法

净锅烧热，投入莲白丝先以小
火干炒 2 分钟，至莲白丝稍变
软时，再淋入红油炒匀并放入
预制好的臊子粉丝一起翻炒，
其间淋入香油，炒匀便可起锅
装砂煲里即成。（图 1、图 2）

烹调提示：臊子粉丝的做法是用
清水把粉丝泡发好，捞出来控干
后，拌入少许的生抽和色拉油。
锅里注入色拉油，先下猪肉末炒
散，然后下入粉丝继续炒，其间
调入盐、味精、生抽等，另外还
要分次淋入色拉油以免粘连，炒
至干香时，出锅便成。

🥗 20 子姜脆肠

🍲 原料 / 调料

猪大肠	200 克
子姜丝	150 克
二荆条辣椒粒	100 克
小米椒粒	100 克
青花椒	10 克
豆瓣酱	适量
泡椒段	适量
酱油	适量
料酒	适量
盐	适量
味精	适量
鸡精	适量
食用碱	适量
高汤	适量
花椒油	适量
香油	适量
菜油	适量
色拉油	适量
化猪油	适量

🍲 制作方法

1. 将猪大肠先用食用碱、料酒和盐抓匀腌味，再用流动水反复冲洗后，改刀切成小段备用。

2. 往净锅里放入菜油、色拉油和化猪油烧热，先下小米椒粒、豆瓣酱、泡椒段、子姜丝和青花椒炒香，再把大肠段和二荆条辣椒粒下锅翻炒一阵后，加入高汤把大肠煨熟入味，其间调入酱油、料酒、味精和鸡精炒匀，最后淋入花椒油和香油，出锅装盘即可。

21 鲜椒脆肠

此菜在鲜辣口味的基础上，辅以干青花椒烹制出别样的麻辣风味。

原料 / 调料

碱发儿肠	400克
青笋条	200克
青尖椒丁	80克
小米辣丁	30克
青花椒	20克
泡姜末	适量
蒜末	适量
盐	适量
辣鲜露	适量
白糖	适量
香醋	适量
味精	适量
鸡精	适量
湿生粉	适量
花椒油	适量
香油	适量
色拉油	适量

制作方法

1. 将碱发儿肠切与青笋条分别在沸水锅里汆一下，捞出待用。另把盐、味精、白糖、香醋、鸡精、辣鲜露、湿生粉、花椒油和香油放入碗中，制成料汁待用。（图1）

2. 净锅里放色拉油烧热，下青花椒、小米辣丁、泡姜末和蒜末，小火炒香后再放入青尖椒丁、儿肠段和青笋条。改大火炒出香味，再淋入料汁炒匀，收汁后便可装盘。（图2～5）

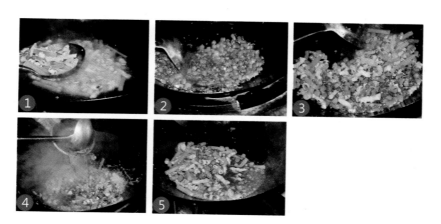

22 酸辣黄喉

此菜是把三种脆爽的原料一起炒制，成菜为酸辣口味，佐酒下饭皆宜。

🥗 原料 / 调料

黄喉	240 克
莴笋片	150 克
笋片	150 克
子姜丝	40 克
酸菜丝	30 克
姜片	适量
蒜片	适量
鲜花椒	适量
大葱粒	适量
小米椒段	适量
青椒段	适量
野山椒碎	适量
盐	适量
味精	适量
香醋	适量
红油	适量
菜油	适量

🍲 制作方法

1. 先把黄喉切成梳子花刀，再与莴笋片、笋片一起放入加有油、盐的沸水锅里，氽至断生便倒出来沥水。（图1）

2. 净锅放菜油烧热，先下姜片、蒜片、鲜花椒、大葱粒、小米椒段、青椒段、野山椒碎、子姜丝和酸菜丝，炒香便把黄喉片、莴笋片和笋片倒进去，边炒边加盐和味精，起锅前淋入适量的红油和香醋，炒匀便可装盘。（图2、图3）

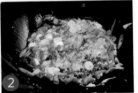

泡菜米椒腰花

把泡菜的酸香与米椒的鲜辣融合在了一起，成菜后，腰花脆嫩，酸辣可口。

 原料 / 调料

猪腰	300 克
小米椒圈	75 克
杭椒圈	35 克
泡椒丁	适量
泡姜丁	适量
泡萝卜丁	适量
盐	适量
白胡椒粉	适量
料酒	适量
白糖	适量
香醋	适量
味精	适量
鸡粉	适量
湿生粉	适量
鲜汤	适量
色拉油	适量

制作方法

1. 把猪腰对剖开，除净腰骚再剞成凤尾腰花，加盐、料酒和湿生粉拌匀码味上浆。另取一碗，放盐、白胡椒粉、鸡粉、味精、白糖、香醋、料酒、湿生粉和适量的鲜汤，制成味汁待用。

2. 净锅里放色拉油，烧至六成热，下入腰花炒散，然后加放泡椒丁、泡姜丁和泡萝卜丁炒出香味，再撒小米椒圈和杭椒圈，炒断生后烹入味汁，见其收汁便可起锅装盘。

烹调提示：此菜是一道火功菜，不仅要求锅热火旺，而且烹菜的动作还要快。

24 霸王腰花

🍲 原料 / 调料

猪腰	4个
青笋	100克
金针菇	80克
香辣酱	适量
辣鲜露	适量
葱花	适量
熟芝麻	适量
盐	适量
料酒	适量
胡椒粉	适量
味精	适量
鸡汁	适量
老干妈豆豉	适量
白糖	适量
花椒面	适量
辣椒面	适量
干辣椒	适量
花椒	适量
姜片	适量
蒜片	适量
干生粉	适量
花椒油	适量
香油	适量
色拉油	适量

🍲 制作方法

1. 取猪腰洗净，对剖成两半并割去腰骚，然后改刀剞成凤尾状的腰花，放入盆中，加适量的香辣酱、辣鲜露、料酒、胡椒粉、鸡汁、老干妈豆豉、白糖、花椒面、辣椒面、干辣椒、花椒、姜片、蒜片、干生粉抓匀码味。另把青笋切丝、金针菇除去头，均待用。（图1、图2）

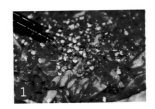

2. 净锅里放色拉油烧热，下青笋丝和金针菇炒几下，加盐和味精炒匀后，起锅盛盘中垫底。

3. 锅烧热放油，烧至七成热时，倒入码好味的腰花，大火快炒约半分钟，往锅里淋花椒油、香油，翻匀便可装盘，再撒熟芝麻和葱花加以点缀，即成。（图3）

26 年糕风干牛肉

原料 / 调料

年糕	200 克
熟风干牛肉	150 克
青红二荆条辣椒	50 克
姜粒	10 克
蒜粒	10 克
鲜青花椒	5 克
盐	适量
美极鲜	适量
味精	适量
鸡精	适量
藤椒油	适量
香油	适量
色拉油	适量

制作方法

1. 把熟风干牛肉、年糕和青红二荆条辣椒分别切成小滚刀块。

2. 炒锅里放色拉油烧热，先下年糕块，待煎至外酥内软时，出锅待用。随后把牛肉块在锅里过一下油，倒出来沥油待用。

3. 锅里留底油，下鲜青花椒、姜粒、蒜粒和青红二荆条辣椒块炒香，再倒入牛肉块、年糕块一起炒，其间加盐、美极鲜、味精和鸡精调味，最后淋香油、藤椒油即成。

25 灰树菇炒风干肉

原料 / 调料

干灰树菇	50 克
熟风干肉片	100 克
青红二荆条辣椒圈	50 克
姜片	适量
蒜片	适量
味精	适量
美极鲜	适量
辣鲜露	适量
鲜汤	适量
色拉油	适量

制作方法

1. 把干灰树菇先放温水盆里泡发好，再放鲜汤锅里煨入味，捞出来待用。

2. 净锅倒入色拉油烧热后，投入姜片、蒜片和风干肉片煸香，等下入青红二荆条辣椒圈和灰树菇炒至干香时，调入味精、美极鲜和辣鲜露炒匀，便可出锅装盘。

27 煳辣牛仔粒

对于品质上乘的牛肉，中餐厨师多采用涮烫或堂煎的方式烹制成菜，而这里将其与杏仁搭配，并且调以川式煳辣口味，成菜口味还不错。制作此菜的要点：一是要正确腌码牛肉粒，二是要掌控好烹制时的火候，三是要调准煳辣口味。

原料/调料

牛肉	240克
杏仁	80克
干辣椒段	适量
花椒	适量
黑胡椒碎	适量
保卫尔牛肉汁	适量
全蛋糊	适量
姜粒	适量
蒜粒	适量
盐	适量
辣鲜露	适量
味精	适量
生粉	适量
香油	适量
花椒油	适量
煳辣油	适量
色拉油	适量

制作方法

1. 把牛肉切成粒，放入盆中先加盐、生粉、黑胡椒碎和全蛋糊拌匀，然后加入保卫尔牛肉汁拌匀，腌渍10分钟。（图1～3）

2. 净锅上火，放色拉油烧至四成热时，下入牛肉粒过油至刚断生，倒出来沥油备用。（图4、图5）

3. 锅里放煳辣油烧热，先下干辣椒段、花椒、姜粒、蒜粒炒香，再倒入牛肉粒翻炒，其间加黑胡椒碎和少许的味精炒匀，待烹入辣鲜露炒至汁干出香味时，撒入杏仁并淋香油和花椒油翻匀，便可起锅装盘。（图6～8）

烹调提示：腌味时加入黑胡椒碎，能让其粘在牛肉粒的表面，这样做成菜吃起来黑胡椒味才浓。

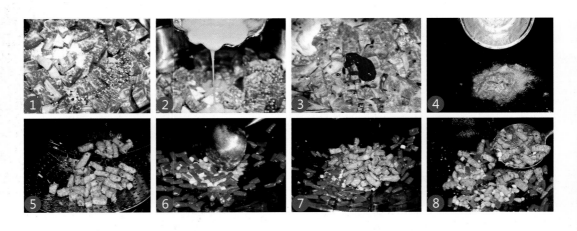

28 子姜牛肉丝

原料 / 调料

原料	
牛里脊肉	200 克
芹菜	20 克
子姜	30 克
小青椒	10 克
小红椒	10 克
泡辣椒段	5 克
泡姜丝	5 克
大蒜瓣	5 克
鸡蛋清	1 个
盐	适量
味精	适量
料酒	适量
菜油	适量
红薯淀粉	适量
保宁醋	适量
湿生粉	适量

制作方法

1. 把牛里脊肉切成粗丝，放入盆中加盐、味精、料酒、鸡蛋清和少许红薯淀粉，抓匀以后备用。

2. 把芹菜切段；把子姜、小青椒和小红椒分别切成丝，均待用。

3. 锅里倒少量的菜油烧热，下牛肉丝炒至五分熟盛出待用。净锅入油烧热，下泡辣椒段、泡姜丝和蒜瓣炒香，再把炒至五成熟的牛肉丝、子姜丝、芹菜段和青红椒丝下锅炒熟，湿生粉勾薄芡并淋入适量的保宁醋，炒匀便可装盘上桌。

㉙ 牛肉筷子萝卜

原料 / 调料

白萝卜	350 克
牛肉粒	80 克
香菜	10 克
蒜苗花	10 克
青红二荆条辣椒圈	10 克
姜末	适量
蒜末	适量
盐	适量
一品鲜酱油	适量
蚝油	适量
味精	适量
老抽	适量
化猪油	适量

制作方法

1. 把白萝卜切成筷子条，放入加了化猪油和盐的清水锅里，煮至熟透再捞出来沥水。

2. 锅放少量的化猪油烧热，投入姜末、蒜末和牛肉粒翻炒。在调入一品鲜酱油和蚝油后，下入青红二荆条辣椒圈、蒜苗花和香菜，炒匀即成馅料。

3. 净锅里入化猪油烧热，将煮好的萝卜条下锅煸炒至稍干时，调入一品鲜酱油、蚝油、味精和老抽炒匀，再把 1/3 的馅料倒进去炒入味。出锅装盘后，把剩余的馅料舀在萝卜上面即成。

㉚ 家常羊肾

原料 / 调料

羊外肾（羊睾丸）	200 克
鲜香菇	120 克
洋葱条	50 克
西芹粒	50 克
鸡蛋清	适量
姜蒜末	适量
泡椒段	适量
豆瓣酱	适量
盐	适量
胡椒粉	适量
白糖	适量
香菜段	适量
味精	适量
生粉	适量
豆瓣油	适量
菜油	适量

制作方法

1. 把羊外肾洗净，剖开并剞菊花花刀，再改刀成小块，多次漂洗除去膻味。漂洗净后加盐、胡椒粉、鸡蛋清和生粉码味，之后投入沸水锅里氽至卷曲翻花，沥水备用。鲜香菇切成小条，在沸水锅里焯一下后，捞出待用。

2. 净锅放菜油烧热，下姜蒜末、泡椒段和豆瓣酱炒香后，倒入洋葱条、香菇条、西芹粒和羊外肾翻炒匀，再加入适量清水并加盐、白糖、味精，烧至入味时用生粉勾薄芡，淋豆瓣油，撒香菜段即成。

31 坝坝子姜兔

原料 / 调料

仔兔肉	250 克
干青花椒	40 克
子姜丝	30 克
青尖椒粒	20 克
小米椒粒	30 克
山柰粉	5 克
子姜油	200 毫升
蒜瓣	适量
盐	适量
料酒	适量
嫩肉粉	适量
味精	适量
鸡精	适量
白糖	适量
生粉	适量
色拉油	适量

制作方法

1. 把仔兔肉斩成丁，放入盆中加盐、料酒、嫩肉粉和生粉码味上浆。锅中倒入色拉油，烧至六成热，下入码好味的兔丁，炸至色金黄且外酥里嫩时，捞出来沥油待用。

2. 净锅里放子姜油烧热，投入干青花椒和蒜瓣炒香，把炸过的兔肉丁与子姜丝、青尖椒粒和小米椒粒一起下锅，炒出味后烹入料酒，边炒边调入盐、山柰粉、味精、鸡精和白糖，炒匀便可出锅装盘。

烹调提示：子姜油是把豆瓣酱和子姜一起放菜油锅里炼制、滤渣后得到的一种复制油。

32 尖叫兔

原料 / 调料

净兔肉	半只（约1000克）
青椒段	200克
红小米椒碎	100克
子姜丝	100克
泡子姜碎	50克
干青花椒	30克
郫县豆瓣	适量
盐	适量
胡椒粉	适量
味精	适量
鸡精	适量
湿生粉	适量
香料油	适量
色拉油	适量

 制作方法

1. 把净兔肉斩成丁放入盆中，加盐、味精、胡椒粉和湿生粉抓匀后，腌渍待用。（图1）

2. 锅里放香料油烧热，先下干青花椒炝香，再依次放入郫县豆瓣、泡子姜碎和红小米椒碎，炒出复合味后暂离火。（图2～4）

3. 另起锅放较多的色拉油，烧至六成热时，下入腌好味的兔肉丁滑熟。将兔肉丁倒出来沥油后，再倒进先前已经炒好料的锅里，加入子姜丝和青椒段，烧一两分钟并加盐、味精和鸡精炒匀，出锅装盘即成。（图5～7）

烹调提示：香料油做法见120页。

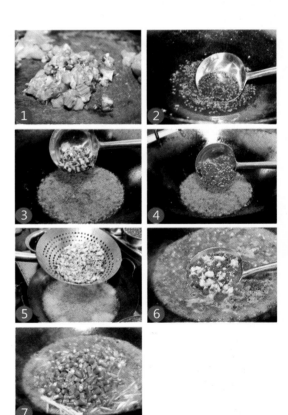

33 渣渣兔

原料 / 调料

净兔肉	200 克
嫩茄子	180 克
泡姜粒	适量
野山椒粒	适量
小米椒粒	适量
泡青菜粒	适量
葱花	适量
盐	适量
料酒	适量
味精	适量
生粉	适量
色拉油	适量

制作方法

1. 取净兔肉切成丁，放入碗中加盐、料酒和生粉码味上浆。锅中倒入色拉油加热，将码好味的兔肉丁入锅滑熟了待用。把嫩茄子削皮、切丁，再用生粉拍匀，下入油锅过油后，倒出沥油待用。

2. 锅留底油，放入泡姜粒、野山椒粒、小米椒粒和泡青菜粒炒香，再倒入兔肉丁和茄丁，加盐、味精翻炒入味后，撒葱花装盘即成。

34 飘香兔

原料 / 调料

兔肉丁	200 克
青红美人椒圈	200 克
辣椒段	100 克
姜粒	20 克
蒜粒	20 克
白芝麻	15 克
白芷粉	5 克
花椒	5 克
十三香	2 克
面包糠	适量
盐	适量
料酒	适量
鸡精	适量
味精	适量
湿生粉	适量
色拉油	适量

制作方法

1. 把兔肉丁放入盆中，加白芷粉、盐、味精、料酒和湿生粉拌匀后，入沸水锅中汆一下，再捞出来控净水，裹上一层面包糠。（图1～3）

2. 锅入油烧至六成热时，把兔肉丁倒进去，炸至色呈金黄且兔肉熟透时，捞出来沥油备用。（图4、图5）

3. 净锅入色拉油烧热，先下姜粒、蒜粒、辣椒段、花椒、白芝麻和青红美人椒圈炒香，再下兔肉丁一起翻炒，其间调入白芷粉、十三香、鸡精、味精和盐炒匀，便可出锅装盘。（图6～8）

35 泡椒兔腰

对于兔腰这种食材，平时多见于火锅店或串串店，一般都是将其卤煮或冒烫成菜。而在这里，却是与泡椒同炒，做法上颇有些新意。

原料 / 调料

鲜兔腰	300 克
泡红椒段	50 克
泡青椒段	30 克
泡姜片	15 克
蒜片	15 克
鲜花椒	20 克
青小米椒段	50 克
红小米椒段	15 克
啤酒	适量
大葱粒	适量
葱花	适量
熟芝麻	适量
盐	适量
美极酱油	适量
藤椒油	适量
泡椒油	适量
菜油	适量

制作方法

1. 把鲜兔腰洗净，反复用清水漂洗以除去膻味，然后入沸水锅汆一下，捞出备用。（图1、图2）

2. 净锅放入菜油，烧至三四成热时，下兔腰过油至断生，倒出来沥油。（图3）

3. 锅留底油，加入适量的泡椒油，烧热后便下泡红椒段、泡青椒段、泡姜片、蒜片和鲜花椒一起炒香，再倒入兔腰炒匀，淋入适量的啤酒并加盐、美极酱油一同烧。（图4～6）

4. 待烧至兔腰入味且锅里的汤汁不多时，撒入大量青小米椒段和少量的红小米椒段，炒匀后淋藤椒油并撒入大葱粒，起锅装盘后撒熟芝麻和葱花即可。（图7、图8）

36 爆竹鸡

这道菜是用筒笋和玉兰片这两种竹笋与鸡块、木耳、魔芋和芹菜段在锅里爆炒成菜的。

原料 / 调料

仔土鸡	500克
筒笋	100克
魔芋	50克
水发木耳	30克
玉兰片	30克
芹菜段	20克
豆瓣酱	适量
花椒	适量
盐	适量
白糖	适量
酱油	适量
味精	适量
菜油	适量

制作方法

1. 把宰杀洗净的仔土鸡斩成小块放入沸水锅里汆一下，捞出备用；把筒笋和魔芋切成条，与水发木耳、玉兰片分别投沸水锅里焯水后，捞出备用。

2. 净锅上火放菜油，烧至五成热时，倒入鸡块爆香。再加入花椒和豆瓣酱一起炒香后，倒入筒笋条、魔芋条、玉兰片和木耳，边炒边放盐、白糖、酱油和味精，炒入味后撒入芹菜段稍微炒一下，便可起锅装盘。

37 小煎鸡

　　这道菜与传统的小煎鸡制法略有差异，制作中重用了泡椒、泡子姜和鲜子姜。

原料 / 调料

鸡腿肉	350 克
鲜子姜片	60 克
香葱段	30 克
郫县豆瓣	20 克
泡椒	15 克
泡子姜	15 克
盐	适量
料酒	适量
白糖	适量
酱油	适量
醋	适量
味精	适量
湿生粉	适量
香油	适量
色拉油	适量

制作方法

1. 取鸡腿肉切成丁，放入碗中并加盐、料酒、酱油和湿生粉抓匀后，腌渍10分钟。把郫县豆瓣、泡椒和泡子姜放一起，剁碎了待用。

2. 往锅里放适量色拉油，烧至五成热时，先下鸡丁滑散，再放入剁碎的诸料炒至出香上色，接着往锅里下鲜子姜片和香葱段，翻炒过程中加白糖、味精、酱油和醋调味，最后用湿生粉勾薄芡并淋香油，出锅装盘即成。

38 茶菇砂锅鸡

原料 / 调料

仔鸡	400 克
茶树菇	200 克
姜片	适量
蒜片	适量
葱段	适量
小米椒段	适量
葱花	适量
盐	适量
料酒	适量
生抽	适量
胡椒粉	适量
辣鲜露	适量
味精	适量
香油	适量
色拉油	适量

制作方法

1. 把仔鸡洗净，改刀成块后放入盆中，加料酒、盐和胡椒粉腌渍入味。

2. 净锅上火放色拉油烧热，下仔鸡块炸至外酥里嫩时，捞出；把茶树菇切段下锅稍炸，倒出来沥油。

3. 锅里留底油，把姜片、蒜片、葱段和小米椒段下锅炒香后，倒入鸡块和茶树菇段，边炒边加盐、生抽、辣鲜露、味精和香油，炒匀便起锅装在砂锅里，撒上葱花即可。

㊴ 石烹土鸡蛋

原料 / 调料

土鸡蛋	5个
韭菜段	100克
火腿肠段	100克
盐	适量
白糖	适量
水豆粉	适量
菜油	适量

制作方法

1. 将洗净的鹅卵石送入烤箱里烤热；另将铁板烧烫了待用。

2. 把土鸡蛋磕入碗中，放入韭菜段、火腿肠段、盐、白糖和水豆粉拌匀后，连同鹅卵石和烧热铁板一起端上桌。（图1）

3. 将烧热的鹅卵石倒在铁板上，淋入菜油并把调好的鸡蛋液倒在铁板内，随后用筷子翻拌鹅卵石，见鸡蛋液已被烫熟即可食用。（图2、图3）

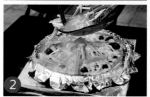

40 融蛋

这道菜是用鸡蛋液和多种蔬菜丝为原料制作而成。成品色泽金黄，口感松泡，味道清香，既可以直接吃，也可以装盘淋鱼香汁上桌。

原料 / 调料

全蛋液	200毫升
绿豆芽	40克
青笋丝	40克
胡萝卜丝	40克
洋葱丝	40克
香菇丝	40克
盐	适量
鸡汁	适量
红薯淀粉	适量
色拉油	适量

制作方法

1. 把绿豆芽、青笋丝、胡萝卜丝、洋葱丝和香菇丝一并投入沸水锅，焯一下便捞出来挤干水，放盆里并加入全蛋液、盐、鸡汁和红薯淀粉，调成较稠的糊待用。

2. 往锅里放色拉油，烧至四成热时，用勺子把糊逐一舀入油锅，见全部炸定形后，再升高油温炸至表面呈金黄色，倒出来沥油便可装盘上桌。

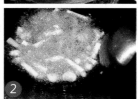

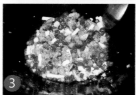

41 怪味鸭

这道菜是先将鸭子焖熟，再以干煸的技法去烹制。不仅是为了改善鸭肉的口感，也使其更入味。

原料 / 调料

老鸭肉	400 克
郫县豆瓣	适量
姜片	适量
葱段	适量
香叶	适量
干青花椒	适量
干辣椒段	适量
姜粒	适量
蒜瓣	适量
盐	适量
料酒	适量
白糖	适量
白醋	适量
味精	适量
鸡精	适量
鲜汤	适量
色拉油	适量

制作方法

1. 把老鸭肉斩成小块，在加有姜片、葱段和料酒的沸水锅里汆一下后，捞出待用。（图1）

2. 净锅里放少许色拉油烧热，先倒入鸭肉块煸炒一会儿，再加入郫县豆瓣、姜片、葱段和香叶炒香出色，倒入鲜汤后加盐、味精和鸡精调味，待小火焖至软熟入味时，拣出鸭肉块待用。

3. 往锅里放适量的色拉油烧热，先投入干青花椒、干辣椒段、姜粒、拍破的蒜瓣和葱段炸香后，再下鸭肉块一起煸炒，其间放入白糖和白醋调味，翻炒均匀便可出锅装盘上桌。（图2~4）

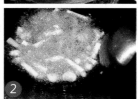
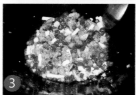

43 爆炒脆肠

这里的脆肠指的是猪儿肠，而烹制这种原料时一定要掌握好火候，以保证口感脆爽。

原料 / 调料

猪儿肠	280 克
青红椒段	150 克
葱段	30 克
郫县豆瓣	适量
野山椒	适量
辣鲜露	适量
味精	适量
鸡精	适量
湿生粉	适量
菜油	适量

制作方法

1. 把猪儿肠洗净切成条，先投入烧热油锅爆熟，盛出待用。

2. 净锅上火放菜油烧热，放入郫县豆瓣炒香后，下提前爆熟的猪儿肠、野山椒、青红椒段和葱段翻炒匀，其间加辣鲜露、味精和鸡精调好味，用湿生粉勾薄芡便可出锅装盘。

42 子姜爆鸭肠

原料 / 调料

新鲜鸭肠	300 克
子姜片	120 克
青二荆条辣椒段	80 克
干辣椒段	20 克
盐	适量
料酒	适量
酱油	适量
老抽	适量
鸡精	适量
味精	适量
花椒油	适量
菜油	适量

制作方法

1. 把新鲜鸭肠洗净后切段，下入加有料酒的沸水锅，快速汆水后捞出来，沥水待用。

2. 净锅放菜油烧热，投入子姜片、青二荆条辣椒段和干辣椒段炒出香味，再加入盐、鸡精、味精、酱油和老抽调味，随后倒入鸭肠爆炒，起锅前淋入适量花椒油，装盘即可上桌。

四川风味家常菜

🍲 子姜炒鹌鹑

🍱 原料 / 调料

鹌鹑	300克
子姜块	80克
青红辣椒段	80克
姜末	适量
蒜末	适量
花椒	适量
豆瓣酱	适量
泡椒	适量
盐	适量
料酒	适量
生粉	适量
菜油	适量
白糖	适量
味精	适量

🍲 制作方法

1. 把鹌鹑洗净，剁成小块，放入碗中，加盐、料酒和少许的生粉码味上浆。（图1）

2. 净锅放菜油烧热，先下入姜末、蒜末和花椒炝锅，再把鹌鹑块下锅爆炒，炒至断生时，加豆瓣酱和泡椒炒匀。（图2、图3）

3. 接着往锅里放子姜块和青红辣椒段，边炒边加盐、白糖和味精，炒至子姜鲜辣味浓郁时，出锅装盘即成。（图4）

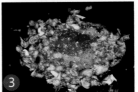

46 干锅鳝鱼

制作此菜时，火候掌控很关键，一定要用高油温将鳝鱼炸至表面酥硬，但内部又需要保持软嫩。

原料 / 调料

去骨鳝鱼	450 克
藕条	200 克
干锅酱	50 克
洋葱条	500 克
青椒条	50 克
二荆条干辣椒段	适量
汉源花椒	适量
盐	适量
十三香	适量
孜然粉	适量
味精	适量
藤椒油	适量
香油	适量
色拉油	适量

制作方法

1. 把洗净的去骨鳝鱼斩成段，投入烧至八成热的色拉油锅内，炸至外硬内熟，捞出来沥油待用；下入藕条，炸熟了倒出来沥油待用。

2. 锅留底油，先投入二荆条干辣椒段和汉源花椒炒香，再放入干锅酱炒至出色，接着下入鳝鱼段、藕条、洋葱条和青椒条，翻炒的同时加入盐、味精、十三香和孜然粉，起锅前淋入藤椒油和香油即成。

45 香辣鹌鹑

原料 / 调料

鹌鹑	300 克
五香卤水	1 锅
姜片	适量
蒜片	适量
青花椒	适量
干辣椒段	适量
盐	适量
味精	适量
花椒油	适量
菜油	适量
青红辣椒段	适量

制作方法

1. 把鹌鹑洗净，先放五香卤水锅里卤熟，捞出来晾凉后，斩成小块。

2. 净锅放菜油烧热，下鹌鹑块炸至水汽稍干时，倒出来沥油。锅里留底油，先下姜片、蒜片、青花椒和干辣椒段炒香，再把鹌鹑块和青红辣椒段下锅，边炒边加少许盐和味精，炒香后淋花椒油，出锅装盘即可。

47 泡豇豆煵鳝鱼

 原料 / 调料

土鳝鱼	450 克
姜末	20 克
葱段	30 克
蒜末	20 克
豆瓣酱	15 克
香辣酱	10 克
泡辣椒末	20 克
泡豇豆段	50 克
干辣椒段	适量
花椒	适量
味精	适量
鸡精	适量
白糖	适量
辣椒面	适量
胡椒粉	适量
花椒面	适量
菜油	适量

制作方法

1. 将土鳝鱼宰杀洗净后，斩成段下到烧至八成热的菜油锅里，炸至皮酥肉嫩时，捞出来沥油。

2. 锅里留底油，先下姜末、葱段、蒜末、豆瓣酱和香辣酱炒香，再把泡辣椒末、泡豇豆段、花椒和干辣椒段下锅炒匀，接着放入鳝鱼段爆炒，加入味精、鸡精、白糖、辣椒面和胡椒粉调味，炒匀起锅装盘时撒入花椒面即成。

48 飘香鳝鱼

此菜的主料鳝鱼是现杀现炒，调味时则重用青花椒、子姜丝、酸菜丝和鲜辣椒，意在突出麻香、鲜辣、微酸的口味。

原料 / 调料

鲜活鳝鱼	400 克
青椒丝	120 克
小米椒段	40 克
子姜丝	50 克
蒜片	20 克
酸菜丝	30 克
干青花椒	50 克
盐	适量
胡椒粉	适量
白糖	适量
味精	适量
藤椒油	适量
菜油	适量

制作方法

1. 把鳝鱼宰杀并剔骨，洗净血水后放砧板上，斜切成粗丝放入碗中，加适量的盐、胡椒粉抓匀码味，再在沸水锅里汆一下捞出来，用清水冲洗干净待用。（图1～3）

2. 净锅里放菜油烧热，先抓大把干青花椒入锅炝香，再倒入小米椒段、子姜丝、蒜片、酸菜丝和青椒丝炒出味。在投入鳝鱼丝后，边炒边放入盐、白糖和味精调味，再淋入适量的藤椒油，便可起锅装盘。（图4～7）

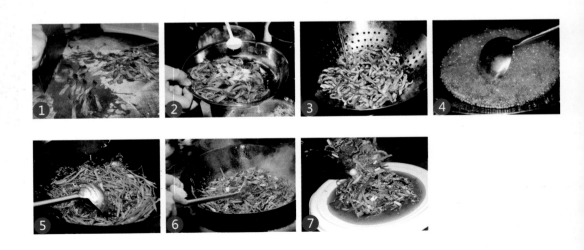

49 鲜椒泥鳅

原料 / 调料

泥鳅	400 克
鲜辣椒段	120 克
姜丝	40 克
青花椒	30 克
葱段	适量
蒜粒	适量
野山椒酱	适量
盐	适量
料酒	适量
美极鲜	适量
味精	适量
鸡粉	适量
藤椒油	适量
色拉油	适量

制作方法

1. 把泥鳅宰杀洗净，逐一从背部片开后，放入盆中加盐、味精、料酒、葱段等腌渍入味。净锅上火倒入色拉油，烧至六成热时，投入码好味的泥鳅炸熟，将炸熟的泥鳅捞出来沥油待用。（图1、图2）

2. 锅里留底油烧热，先下蒜粒、鲜辣椒段、姜丝和青花椒炒出香味，再把泥鳅放进去，边炒边调入美极鲜、盐、味精、鸡粉和野山椒酱，炒入味时淋入藤椒油，炒匀即可装盘上桌。（图3～5）

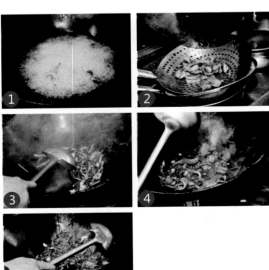

50 虾煲茄条

原料 / 调料

茄条	150 克
豇豆段	150 克
虾仁	50 克
小米辣椒圈	20 克
蒜粒	20 克
葱花	15 克
蒜苗段	10 克
美极鲜	10 毫升
辣鲜露	5 毫升
盐	适量
生抽	适量
鸡精	适量
味精	适量
湿生粉	适量
红油	适量
色拉油	适量

制作方法

1. 净锅倒入色拉油烧至六成热时，把茄条和豇豆段放进去，炸2分钟便捞出来待用。（图1、图2）

2. 虾仁在沸水锅里氽水后，捞出来沥水待用。

3. 净锅倒入红油烧热，先倒入茄条、豇豆段和虾仁翻炒，待下入小米辣椒圈和蒜粒继续炒1分钟后，调入生抽、美极鲜、辣鲜露、鸡精、味精和盐，最后淋湿生粉并撒入葱花和蒜苗段，炒匀便可起锅装入热砂煲里。（图3）

51 香辣鱿鱼虾

此菜是把大虾和鱿鱼块一起下热油锅里炸酥，再放入炝有干辣椒和花椒的锅里，炒制成菜，麻辣鲜香。按照上述方式做虾肴，其味型、口感和成菜形式都可以灵活变化。从味型来说，可加入孜然粉做成孜然麻辣味，也可加小米椒、青花椒和藤椒油做成鲜辣香麻的味道，还可加排骨酱、海鲜酱、柱侯酱、蚝油等做成酱香味浓郁的麻辣味。从口感来说，可把鱿鱼换成排骨，或是换成猪蹄、黄喉、掌中宝等。另外，配料也可做相应的调整，以改变菜肴的口感，比如可以加些西芹、炸酥的土豆条、麻花段等，还可加酥花生米、酥腰果、香辣酥、熟芝麻等。从成菜形式来说，既可直接装盘成菜，又可装入砂煲做成干锅或香锅的形式，上桌后点火食用。

原料 / 调料

鲜大虾	500 克
鱿鱼块	300 克
青红椒块	60 克
洋葱块	40 克
藕条	60 克
青笋条	60 克
干辣椒段	20 克
花椒	5 克
姜片	适量
蒜片	适量
葱段	适量
香辣酱	适量
盐	适量
料酒	适量
胡椒粉	适量
味精	适量
鸡精	适量
白糖	适量
干生粉	适量
吉士粉	适量
藤椒油	适量
香油	适量
色拉油	适量

制作方法

1. 把大虾从背部稍微片开，除去沙线，投入加有盐和料酒的沸水锅里，氽一下便捞出沥水；把鱿鱼块也在沸水锅里氽一下，捞出待用。（图1、图2）

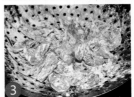

2. 锅里放色拉油烧热，先把氽过水的大虾裹匀干生粉和吉士粉，投入油锅炸至表面脆酥，捞出沥油；待油温回升后，再把大虾和鱿鱼块一起下锅复炸至熟，捞出来沥油。（图3~5）

3. 锅里留底油，先投入干辣椒段、花椒、姜片、蒜片和葱段，炝香才下香辣酱炒出色，接着放入炸过的大虾和鱿鱼块，再加入青红椒块、洋葱块、藕条、青笋条等辅料，烹料酒并调入盐、胡椒粉、味精、鸡精和白糖，炒入味并淋入藤椒油和香油，颠匀便可出锅装盘。（图6）

烹调提示：下锅炸之前给大虾裹匀干生粉和吉士粉的目的，是为了让虾表面更酥脆，并且不容易回软。

 橙香鱿鱼

原料 / 调料

淡干鱿鱼	100 克
卤筒笋丝	200 克
干辣椒丝	50 克
橙皮丝	20 克
蒜丝	5 克
姜丝	5 克
干锅酱	适量
香辣酱	适量
盐	适量
味精	适量
鸡精	适量
香菜叶	适量
香油	适量
花椒油	适量
色拉油	适量

制作方法

1. 把淡干鱿鱼用清水泡 1 小时后，捞出来切成丝。

2. 净锅里放色拉油烧热，下鱿鱼丝、卤筒笋丝过油后，倒出来沥油待用。锅里留底油，放姜丝、蒜丝、橙皮丝和干辣椒丝炒香后，倒入鱿鱼丝和卤筒笋丝一起炒匀，在放干锅酱、香辣酱的同时加盐、鸡精、味精调味，续炒 1 分钟后，淋香油和花椒油炒匀，装盘点缀香菜叶即成。

53 盐菜炒乌贼

原料 / 调料

乌贼	200 克
五花肉片	80 克
土盐菜	150 克
干辣椒段	适量
小米椒丁	适量
二荆条辣椒丁	适量
盐	适量
味精	适量
鸡粉	适量
胡椒粉	适量
酱油	适量
色拉油	少许

制作方法

1. 把土盐菜用清水泡发透，控干水再切成寸段备用；把乌贼切成坡刀片，下到沸水锅里氽熟以后，倒出来备用。

2. 净锅里放少许色拉油烧热，先下五花肉片炒断生，加入干辣椒段、小米椒丁和二荆条辣椒丁炒香后，再把盐菜段和乌贼片放进去，边炒边加入盐、味精、鸡粉、胡椒粉和酱油，炒入味后便可装盘上桌。

54 干锅蛙

原料 / 调料

牛蛙	600 克
杏鲍菇条	100 克
大蒜粒	80 克
姜片	适量
姜粒	适量
葱段	适量
蚝油	适量
黄豆酱	适量
海鲜酱	适量
排骨酱	适量
盐	适量
料酒	适量
黑啤	适量
生粉	适量
香油	适量
色拉油	适量
混合油（化猪油和菜油各半）	适量

制作方法

1. 把牛蛙宰杀洗净，剁成块，加盐、料酒、姜片和葱段码味。然后拌少许的生粉，下入加热好的色拉油锅里炸熟，倒出来沥油待用；把杏鲍菇条、大蒜粒也入油锅，炸至色黄捞出待用。

2. 净锅放混合油，下姜粒和蒜粒先炒出香味，再倒入牛蛙块和杏鲍菇条，炒几下再放入用蚝油、黄豆酱、海鲜酱和排骨酱调成的酱汁，等烹入黑啤并收汁后，淋香油起锅盛入锅仔即成。

55 麻香跳跳蛙

原料 / 调料

牛蛙	500 克
干花椒	50 克
青红小米椒圈	150 克
蒜瓣	适量
葱花	适量
香菜	适量
盐	适量
料酒	适量
鸡精	适量
味精	适量
花椒油	适量
香油	适量
色拉油	适量

制作方法

1. 把牛蛙宰杀洗净并斩成小块，放入盆中加盐和料酒码味待用。

2. 净锅倒入色拉油，烧至七成热时下牛蛙块，炸至酥香便捞出来待用。

3. 锅留底油，投入干花椒、青红小米椒圈和蒜瓣，炒香后便下入牛蛙块翻炒，边炒边调入盐、味精和鸡精，出锅前淋入适量花椒油和香油，撒上葱花和香菜，装盘便可上桌。

56 香脆蚕蛹

原料 / 调料

蚕蛹	100 克
青红椒粒	50 克
洋葱粒	30 克
玉米粉	适量
吉士粉	适量
鸡蛋清	适量
盐	适量
味精	适量
味椒盐	适量
色拉油	适量

制作方法

1. 蚕蛹洗净后，与玉米粉、吉士粉和鸡蛋清调制的粉糊一起拌匀。净锅倒入色拉油，烧至四五成热时下入蚕蛹炸至酥香，倒出来沥油待用。

2. 锅里留少许底油，下入青红椒粒、洋葱粒炒香，再倒入炸好的蚕蛹并加盐、味椒盐和味精炒匀，即可起锅装盘。

烧烩浇菜

❶ 酸辣地皮菜

原料 / 调料

水发地皮菜 —————— 200 克
酥黄豆 ———————————— 适量
葱花 ————————————— 适量
姜末 ————————————— 适量
蒜末 ————————————— 适量
胡椒粉 ——————————— 适量
盐 ——————————————— 适量
香醋 ————————————— 适量
鲜汤 ————————————— 适量
湿生粉 ——————————— 适量
香油 ————————————— 适量
色拉油 ——————————— 适量

制作方法

1. 把地皮菜入沸水锅里焯一下后，倒出来沥水。

2. 净锅里放色拉油烧热，先下姜末、蒜末炝香，倒入鲜汤烧开后，下地皮菜并加盐、胡椒粉和香醋调成酸辣口味。用湿生粉勾薄芡后淋香油，起锅装碗并撒上酥黄豆和葱花，即成。

2 鱼香平菇

🍲 原料 / 调料

平菇	200 克
鸡蛋糊	150 克
姜末	适量
蒜末	适量
葱末	适量
泡椒末	适量
葱花	适量
盐	适量
白糖	适量
味精	适量
香醋	适量
湿生粉	适量
菜油	适量

🍲 制作方法

1. 把平菇洗净并撕成小块，逐块挂匀鸡蛋糊，下油锅炸至外脆里嫩后，倒出来沥油装盘。（图1、图2）

2. 净锅里放菜油烧热，下姜末、蒜末、葱末和泡椒末炒香，倒入适量清水并加盐、白糖、味精、香醋调成鱼香口味。用湿生粉勾芡后，起锅浇在盘中平菇上面，撒些葱花即成。（图3、图4）

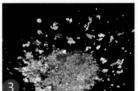
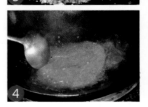

③ 农家土豆

这道菜做法是先把土豆块卤煮熟，然后换锅红烧成菜。其烹制过程中，土豆吸收了其他调料的味道，成菜软糯鲜香。

原料 / 调料

土豆	500克
五香卤水	1升
豆瓣酱	适量
蒜末	适量
姜末	适量
葱花	适量
盐	适量
白糖	适量
味精	适量
鲜汤	适量
湿生粉	适量
混合油（菜油和化猪油各半）	适量

制作方法

1. 把土豆削皮并切成块，用清水冲洗去多余淀粉后，再放入五香卤水锅，小火煮至入味便捞出。（图1、图2）

2. 净锅放混合油烧热，依次下豆瓣酱、蒜末和姜末炒香，倒入鲜汤煮开后，放入土豆块，然后加盐和白糖调味。待烧至土豆块入味时，放味精并用湿生粉勾薄芡，起锅装碗，撒上葱花即成。（图3）

4 糟香豆腐

此菜是用日本豆腐作为主料，糟香中带着一股橙香。

 原料 / 调料

日本豆腐	300 克
糟香味汁	200 克
水发枸杞子	适量
干生粉	适量
色拉油	适量

制作方法

1. 把日本豆腐切成小段，撒入干生粉拌匀。净锅倒入色拉油烧热，下入抖去多余生粉的日本豆腐，待炸至外酥里嫩时，捞出备用。

2. 将炸过的豆腐段整齐地摆入盘内，浇上已经提前制好的糟香味汁，再往豆腐上面逐一点缀水发枸杞子即成。

烹调提示：糟香味汁是先把醪糟倒入锅中，加入适量橙汁、白糖和清水烧开后，勾薄芡推匀起锅即可。

5 砂锅老豆腐

原料 / 调料

老豆腐	2 块
肥肉丁	50 克
豆瓣酱	适量
姜粒	适量
蒜粒	适量
蒜苗段	适量
花椒面	适量
盐	适量
老抽	适量
鸡精	适量
味精	适量
湿生粉	适量
花椒油	适量
色拉油	适量

制作方法

1. 把老豆腐切成粗条，投入沸水锅里，加入老抽和盐煮 2 分钟，捞出沥水备用。（图 1、图 2）

2. 净锅倒入色拉油烧热，先下肥肉丁、姜粒、蒜粒和豆瓣酱，炒至锅里的油变红色时，再下入豆腐条炒匀，接着倒入适量清水并加入鸡精、味精、盐和老抽调味。（图 3～5）

3. 等到把鲜汤烧开后，再用湿生粉勾薄芡并淋入花椒油，出锅时撒上蒜苗段和花椒面，装砂锅上桌即可。（图 6）

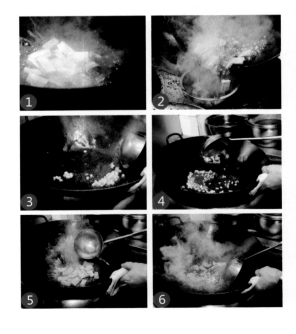

6 锅巴丸子

原料 / 调料

猪肉末	500 克
水晶锅巴	1 袋
鸡蛋液	2 个
玉米淀粉	60 克
小苏打	2 克
盐	适量
酱油	适量
鸡精	适量
味精	适量
鱼香汁	适量
色拉油	适量
黄瓜	1 根

制作方法

1. 把猪肉末放入盆中，加入鸡蛋液、玉米淀粉、小苏打、盐、酱油、鸡精、味精和少量的清水，顺着一个方向搅匀成肉蓉；把水晶锅巴捶碎；黄瓜切成短段摆入盘内。

2. 锅中倒入色拉油烧热，把肉蓉挤成丸子并粘匀锅巴碎，下入油锅炸至外酥内熟，捞出来摆在黄瓜段上面，最后浇上炒热的鱼香汁即可。

7 藿香赛鲍鱼

此菜极似剖过花刀后的鲜鲍鱼，口味是在鱼香味的基础上重用藿香。此菜主料是很平常的水发香菇，辅料则是鲜猪肉馅。虽说两者的成本都不高，但把水发香菇剖花刀后，用来包鲜猪肉馅，下锅经油炸后，再挂藿香味汁，这样做出来的菜，不仅外形让人眼前一亮，而且口感味道都相当出彩。

原料 / 调料

水发香菇	200 克
鲜猪肉馅	100 克
藿香碎	20 克
姜末	适量
蒜末	适量
葱花	适量
泡椒末	适量
盐	适量
白糖	适量
香醋	适量
味精	适量
鲜汤	适量
干生粉	适量
色拉油	适量
湿生粉	适量

制作方法

1. 把水发香菇洗净后，逐一在香菇的内面斜剖十字花刀。（图1）

2. 在香菇的盖面粘一层干生粉后，放入适量猪肉馅，对折起来便做成"鲜鲍鱼"形状。逐一包完后，分别在其表面拍上一层干生粉。（图2~5）

3. 净锅放入色拉油，烧至四成热便下入包好的香菇，炸至外表微黄且内熟时，倒出来沥油，随后搛入烧热的砂煲中。（图6、图7）

4. 锅里留底油，先下姜末、蒜末和泡椒末炒香，再倒入适量鲜汤烧开后，加盐、白糖、味精和香醋调成鱼香味，用湿生粉勾芡后撒入葱花和藿香碎，起锅舀在砂煲中的"鲍鱼"上即成。（图8~10）

烹调提示：水发香菇宜选用个体稍大的，同时要注意大小均匀。剖花刀时，要深浅一致，这样成形才好看。在香菇表面拍干生粉的目的，是为了花形散开。

B 干煸肘子

 原料 / 调料

猪前肘	1个（约500克）
青红美人椒段	20克
葱花	10克
姜末	适量
蒜末	适量
当归	适量
枸杞子	适量
香辣酱	适量
郫县豆瓣	适量
保宁醋	适量
鸡精	适量
味精	适量
白糖	适量
香油	适量
花椒油	适量
鲜汤	适量
色拉油	适量

制作方法

1. 将猪前肘洗净，放沸水锅里汆水，捞出后放入冷水锅里小火煨3小时。锅里放色拉油烧至七成热，放入煨好的肘子炸至外表色金黄，捞出备用。

2. 锅里留底油，先放入姜末、蒜末炒香，再放当归、枸杞子、香辣酱和郫县豆瓣炒出色，之后倒入鲜汤并加入鸡精、味精、白糖和保宁醋调味。

3. 放入炸过的肘子烧一会儿后，改大火烧至汤汁收干，再淋入花椒油和香油，撒入青红美人椒段翻匀。起锅装盘时，撒些葱花即可。

9 青豆腊蹄

原料 / 调料

腊猪蹄	600克
青豆	200克
姜片	适量
蒜片	适量
青红椒丁	适量
干青花椒	适量
盐	适量
料酒	适量
味精	适量
鸡粉	适量
鲜汤	适量
色拉油	适量

制作方法

1. 先把腊猪蹄放高压锅里压熟，再倒出来剁成小块；锅中放水加盐和色拉油烧开，放入青豆煮熟，捞出来控水备用。

2. 锅中加入色拉油烧热，下姜片、蒜片、青红椒丁、干青花椒炒香，倒入鲜汤并放入腊猪蹄和青豆，加盐、味精、料酒和鸡粉烧至猪蹄入味，起锅装盘即可。

⑩ 热炝腰花

猪腰入肴常见的都是以爆炒之法成菜，而这里却是将腰花经汆水后再热炝，如此做出来的菜口感脆爽，香辣味足。

🥗 原料 / 调料

鲜猪腰	1 对
绿豆芽	400 克
刀口辣椒面	30 克
豉油	适量
小米椒末	适量
蒜末	适量
姜末	适量
葱花	适量
盐	适量
美极鲜	适量
辣鲜露	适量
料酒	适量
胡椒粉	适量
味精	适量
鸡精	适量
色拉油	适量

🍲 制作方法

1. 把鲜猪腰撕去表面的膜，对剖成两半并除去腰臊，然后切成凤尾状的腰花。（图1）

2. 往净锅里倒水，加适量的色拉油、料酒和盐烧沸，接着放入绿豆芽焯至断生，捞出来放窝盘里垫底。把猪腰花也放到锅里汆熟，捞出来摆在绿豆芽上面。（图2）

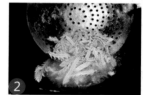

3. 锅洗净重新上火，下入豉油、小米椒末、美极鲜、辣鲜露、胡椒粉、蒜末、姜末、盐、味精和鸡精，烧开，然后淋在盘中腰花上。（图3）

4. 往盘中腰花上撒一层刀口辣椒面，淋入烧热的色拉油激香，再撒些葱花即成。（图4）

⑪ 肥肠蛙

肥肠有多种烹法，红烧、干煸、酱卤、粉蒸等皆可，而与之相搭配的食材也是多种多样。没有想不到，只有做不到。如果把肥肠与美蛙烧在一起，那又是怎样的一种效果呢？还别说，真有人这么做了，成菜不仅形式上有新意，而且味道也不错。

原料 / 调料

卤肥肠	200 克
美蛙	200 克
丝瓜	200 克
青红尖椒段	40 克
姜末	适量
蒜末	适量
豆瓣酱	适量
泡姜碎	适量
泡椒碎	适量
盐	适量
料酒	适量
白糖	适量
味精	适量
鲜汤	适量
湿生粉	适量
花椒油	适量
菜油	适量

制作方法

1. 把卤肥肠切段，丝瓜削皮后切段。另把美蛙洗净，放入碗中加料酒和盐稍码味后，再下入烧热的油锅里过油，之后倒出来沥油待用。（图1）

2. 锅里留底油烧热，下姜末、蒜末、豆瓣酱、泡姜碎和泡椒碎炒香，待倒入适量鲜汤烧开后，加盐、白糖和味精调味，接着下丝瓜段烧至断生，锅中汤汁留下，只将丝瓜捞出来放盘中垫底。（图2～4）

3. 往锅里放美蛙和肥肠，烧入味后用湿生粉勾薄芡，再淋入几滴花椒油，起锅盛于丝瓜段上面。（图5、图6）

4. 锅洗净重新上火，放少许油烧热后，下入青红尖椒段炒香，起锅舀在肥肠蛙上面即成。

烹调提示：在下美蛙烧煮时，须控制好火候，切忌将蛙腿煮得散烂。

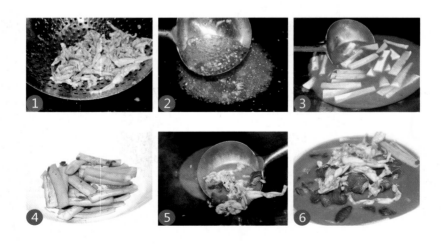

100

12 笋子烧牛肉

 原料 / 调料

牛肉	300 克
鲜笋	200 克
小青椒段	30 克
泡生姜末	适量
泡小米椒末	适量
姜片	适量
蒜片	适量
小葱段	适量
盐	适量
鸡精	适量
味精	适量
藤椒油	适量
鸡油	适量
化猪油	适量
香菜叶	少许

 制作方法

1. 把牛肉切成小块，放冷水锅里烧开煮一会儿后，捞出来晾凉了切片；把鲜笋切成片，在沸水锅里焯水后，捞出来冲凉。

2. 净锅里放入鸡油和化猪油，烧热后放入泡生姜末和泡小米椒末炒香，待放入牛肉块翻炒均匀以后，加水并一起倒入高压锅，上汽压 15 分钟后，离火待用。

3. 净锅里倒入藤椒油烧热，先放入蒜片、姜片和小青椒段炒香，再放入笋片和压好的牛肉块，烧制过程中放小葱段并调入盐、鸡精和味精。起锅装盘时，撒上香菜叶即可。

⓭ 新法蚂蚁上树

蚂蚁上树本是一道传统川菜，其正宗做法是：先把纯豌豆的白粉条下到热油锅里炸后捞出来。另把牛肉末下油锅里炸至酥香待用。净锅入油烧热，下豆瓣酱炒香出色后，倒入鲜汤并调味，待放入炸过的粉条和炒酥的牛肉末后，改中火烧至汁干粉条入味，最后下葱花炒匀便可出锅装盘。成菜后，炒酥的牛肉末外形像蚂蚁，并且均匀地附在每一根粉条表面。事实上，很少有人能做出蚂蚁上树应有的成菜效果，大都做成了"烂肉粉条"。原因有很多，一是现在的豌豆白粉条大多品质欠佳，用清水泡久了，下锅稍微加热就断成了小段，想要的"树干"也就不存在了；二是肉末用的大多是猪肉，而不是纯瘦牛肉，再加上肉末剁得不细、炒得不干，所以"蚂蚁"也就爬不上"树"了。这里介绍的改良版"蚂蚁上树"，选用筋性相对较好的红薯粉条，而且粉条也不下锅油炸，煸炒的肉末选瘦牛肉，并且要求剁得更细，炒得更干，这样才能粘附于粉条表面。

🥗 原料 / 调料

红薯粉条	250 克
炒酥的牛肉末	80 克
姜末	5 克
蒜末	10 克
小米椒粒	10 克
花椒面	3 克
辣椒面	15 克
豆瓣油	40 毫升
盐	适量
味精	适量
鸡精	适量
葱花	适量
鲜汤	适量

🍲 制作方法

1. 把红薯粉条放入温水盆里，浸泡 20 分钟，再捞入沸水锅里焯一下，捞出来后沥水待用。（图 1）

2. 锅里放豆瓣油烧热，投入姜末、蒜末和小米椒粒炒香后，下辣椒面炒出色，倒入适量鲜汤烧沸并调入盐、味精、鸡精和花椒面。把红薯粉条下锅，用中火烧至汁将干且入味时，出锅盛入碗内。（图 2~5）

3. 最后撒入炒酥的牛肉末和葱花，稍稍拌匀即成。（图 6）

烹调提示：在烧制红薯粉条时，切不可把锅里的汁水收得过干，这是因为红薯粉条出锅后，还会继续吸收水分。因此，应当避免因粉条烧得过干而无法粘附牛肉末的状况出现。

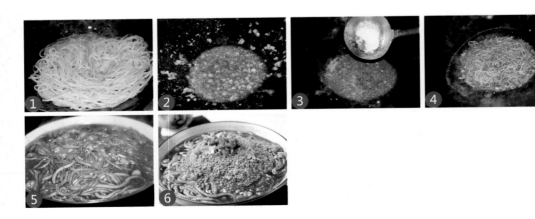

14 泡椒牛腩

原料 / 调料

牛腩	500 克
土豆块	200 克
香菇片	100 克
泡青椒段	适量
泡红椒段	适量
鲜青花椒	适量
泡姜片	适量
大蒜	适量
香叶	适量
干辣椒段	适量
花椒	适量
盐	适量
料酒	适量
味精	适量
菜油	适量
湿生粉	适量

制作方法

1. 牛腩切块，入沸水锅里汆去血水，捞出来冲净，加适量清水及香叶、干辣椒段、花椒、盐、料酒和味精，煨至软熟捞出；土豆块放入沸水锅中焯熟。

2. 净锅下菜油烧热，先下泡青椒段、泡红椒段、鲜青花椒、泡姜片和大蒜炒香，随后倒入牛腩块和已经焯熟的土豆块、香菇片，炒几下再倒入适量煨牛腩的原汤，加盐和味精烧入味后，用湿生粉勾薄芡，起锅装盘即可。

15 酱焖牛筋

此菜所带有的酱香风味，来源于自制酱料。

原料 / 调料

卤牛筋	300 克
猪五花肉	50 克
洋葱	80 克
自制酱料	50 克
泡椒段	适量
大葱丁	适量
盐	适量
味精	适量
鸡精	适量
生抽	适量
湿生粉	适量
色拉油	适量

制作方法

1. 把卤牛筋切成一字条；猪五花肉煮熟后，切成丁。洋葱切丝，然后放烧热的铁板上垫底。

2. 净锅里放少许色拉油烧热，下入五花肉丁炒至吐油，在放入自制酱炒香后，倒入适量清水并下牛筋条和泡椒段，加盐、生抽、味精和鸡精调味。待烧至入味后，用湿生粉勾芡并撒入大葱丁，起锅盛于垫有洋葱丝的铁板上即成。

烹调提示：自制酱料是用沙茶酱、海鲜酱和香辣酱，按1：1：1的比例调和而成。

藿香有股特殊的异香味，用于烹菜能起到祛除异味和增香的作用。藿香在川菜里一般是和河鲜搭配，用来烧牛蹄却不多见。

🍲 16 藿香牛蹄

🥗 原料 / 调料

原料	用量
牛蹄	400克
郫县豆瓣	适量
姜末	适量
蒜末	适量
泡椒碎	适量
野山椒碎	适量
葱花	适量
藿香碎	适量
姜片	适量
葱段	适量
料酒	适量
味精	适量
白糖	适量
湿生粉	适量
色拉油	适量
黄瓜条	适量

🍲 制作方法

1. 把牛蹄洗净，放入沸水锅里汆一下，再放进加有姜片、葱段、料酒和清水的高压锅，压至软糯时倒出来，冲冷后斩成小块待用。

2. 锅里倒入清水烧开，下入牛蹄块，汆一下便倒出来备用。（图1）

3. 锅里放色拉油烧热，先下郫县豆瓣、姜末和蒜末炒至色红，再依次放入泡椒碎、野山椒碎、葱花和藿香碎一起炒匀。（图2～4）

4. 倒入牛蹄块翻匀，其间加味精和白糖调味，用湿生粉勾薄芡后下黄瓜条推匀，起锅装盘再撒少许藿香碎即成。（图5）

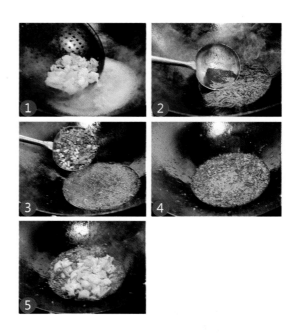

四川风味家常菜

⑰ 牛蹄烧牛蛙

🥘 原料 / 调料

牛蹄	150 克
牛蛙	100 克
子姜片	150 克
小米辣圈	50 克
青二荆条辣椒圈	100 克
藕丁	100 克
姜块	适量
葱结	适量
泡椒	适量
泡姜片	适量
干青花椒	适量
盐	适量
胡椒粉	适量
生粉	适量
鸡精	适量
味精	适量
醪糟	适量
料酒	适量
菜油	适量

🍲 制作方法

1. 把牛蹄放到加有姜块、葱结、料酒、盐和胡椒粉的沸水锅里，煮熟后斩成小块；牛蛙切块放入盆中，加盐、胡椒粉、料酒和生粉抓匀码味。

2. 锅里倒菜油烧热，下泡姜片、泡椒、干青花椒炒香，再加入煮牛蹄的原汤，下牛蹄块和牛蛙块烧一会儿，调入鸡精、味精和醪糟。再加入藕丁、子姜片、青二荆条辣椒圈和小米辣圈，烧熟便可起锅装盘。

⑱ 鸿福牦牛掌

🥘 原料 / 调料

卤好的牦牛掌	1000 克
杏鲍菇	300 克
大葱丁	30 克
青椒丁	20 克
姜末	适量
蒜末	适量
豆瓣酱	适量
泡椒末	适量
盐	适量
鸡精	适量
味精	适量
鲜汤	适量
湿生粉	适量
香油	适量
花椒油	适量
色拉油	适量

🍲 制作方法

1. 把卤好的牦牛掌剁成块；把杏鲍菇先剞十字花刀，再切成菱形块，下入油锅稍炸后，倒出来沥油。

2. 净锅放色拉油烧热，下入豆瓣酱、泡椒末、姜末和蒜末炒香，倒入适量鲜汤煮出味，然后滤去料渣。往煮好的汤锅里下牦牛掌块和杏鲍菇块，放盐、鸡精、味精调味。烧至入味再用湿生粉勾芡收汁，最后撒入大葱丁、青椒丁，淋少许香油和花椒油便可装盘。

⑲ 一锅香

原料 / 调料

鲜羊排 —————— 800 克
白萝卜 —————— 600 克
自制酱料 —————— 适量
姜片 —————————— 适量
葱段 —————————— 适量
盐 ——————————— 适量
鲜汤 —————————— 适量
色拉油 —————————— 适量
香菜 —————————— 少许

制作方法

1. 取鲜羊排斩成大块，入沸水锅里汆一下便捞出；白萝卜切成滚刀块。

2. 净锅放色拉油烧热，下入姜片、葱段和羊排爆香，待加入自制酱料翻炒匀以后，倒入鲜汤并加盐调味，煨至八分熟便可盛入垫有萝卜块的高压锅里。用高压锅压 2 分钟至羊排软熟时，揭盖撒上香菜，连同高压锅一起端上桌。

烹调提示：自制酱料是用蚝油、柱侯酱、排骨酱等混合调匀制成的。

这里所用的红薯，已经提前煮至软烂。红薯与兔肉同烧成菜，应该说并不多见。

20 红薯烧兔

原料/调料

净兔肉	400 克
煮熟的红薯块	300 克
小米椒段	30 克
子姜丝	30 克
青椒粒	40 克
子姜红汤	500 毫升
盐	适量
料酒	适量
胡椒粉	适量
味精	适量
鸡精	适量
生粉	适量
花椒油	适量
香油	适量
色拉油	适量

制作方法

1. 取净兔肉剁成小块，放入碗中并加盐、料酒、胡椒粉和生粉码味上浆。将码好味的兔肉块放入色拉油锅里滑油后，倒出来沥油；把煮熟的红薯块在沸水锅里焯透，捞出来待用。（图1~3）

2. 净锅上火，倒入子姜红汤烧开，下入兔肉块和红薯块略烧后，加入子姜丝、小米椒段和青椒粒，同时加盐、味精、鸡精、花椒油和香油炒匀，起锅装入水瓢内即成。（图4、图5）

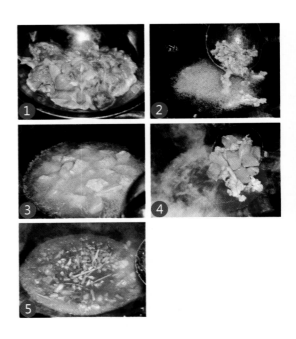

烹调提示：制作子姜红汤，先往净锅里放菜油、色拉油烧热，下豆瓣酱、泡椒末和青花椒炒香，等到倒入适量清水烧开后，放入子姜丝、小米椒段继续熬一会儿，滤渣取汤便可得到。

21 红薯烧鸡

这道菜颇有创意，主料是鸡腿肉和红薯。烹调方法在菜名中虽然标明为烧，但实际上是用高压锅压出来的，不过压制时没加一丁点儿水，而是加的自制香料油，成菜吃起来软糯鲜香。

原料 / 调料

鸡腿肉	600 克
黄皮红薯	400 克
油酥豆瓣酱	50 克
香辣酱	30 克
姜片	适量
八角	适量
盐	适量
料酒	适量
香料油	适量

烹调提示：香料油做法见 120 页。

制作方法

1. 把黄皮红薯洗净后，带皮切成大块；把鸡腿肉剁成大块，放入碗中加盐、料酒、油酥豆瓣酱等拌匀码味。（图 1）

2. 净锅放油烧热，先下姜片、八角和鸡腿块爆炒，随后倒入红薯块并加入香辣酱继续炒一两分钟，起锅倒入垫有竹垫的高压锅内。（图 2、图 3）

3. 往高压锅里倒入提前炼好的香料油，盖上锅盖小火压约 5 分钟，至红薯块软熟时，离火稍凉后再揭盖。滗出锅里的油脂后，把红薯块和鸡块盛出来放到烧热且垫有铝箔纸的铁板上即成。（图 4）

22 干豆子烧鸡

这是四川眉山地区的一道民间菜，把土鸡肉与鸡血同烹成菜，而且在装盘后，还要撒上已经炸香的干豆子（即油酥黄豆），不仅能给菜肴增香，而且也让菜肴的口感对比性增强。为了保证鸡血的细嫩，厨师制作此菜时，多是将鸡块与鸡血分开烧制后再同装盘中。

🍲 原料 / 调料

土鸡	半只（300克）
鸡血	300克
油酥黄豆	80克
姜末	适量
蒜末	适量
葱段	适量
红花椒	适量
豆瓣酱	适量
辣椒面	适量
小米椒段	适量
盐	适量
白糖	适量
胡椒粉	适量
花椒面	适量
菜油	适量

🍲 制作方法

1. 把土鸡去大骨后，斩成小块。（图1）

2. 净锅上火放菜油烧热，先下姜末、蒜末和红花椒炝锅，随后倒入鸡块和小米椒段一起煸炒。（图2）

3. 炒至鸡块水汽稍干时，加一点豆瓣酱和辣椒面炒匀。倒入适量的清水烧开后，加盐、白糖和胡椒粉调味，改小火烧制。（图3、图4）

4. 另取净锅上火，放菜油烧热后，下姜末、蒜末和豆瓣酱炒香。待倒入适量清水烧开后，加盐和胡椒粉调味，再把鸡血切成块下锅，改小火煮入味后，盛出来待用。（图5）

5. 当锅里的鸡块烧入味后，改中火收至汁水将干。此时可起锅装盘，周围摆上烧好的鸡血块，再撒上葱段和花椒面，最后在鸡块上面撒油酥黄豆，即可上桌。（图6）

烹调提示：制作此菜一定要选用农家土鸡。口味为小麻辣，调味时以不影响鸡肉的鲜香味为宜。此外，不宜加鸡精、味精等增鲜调味料。

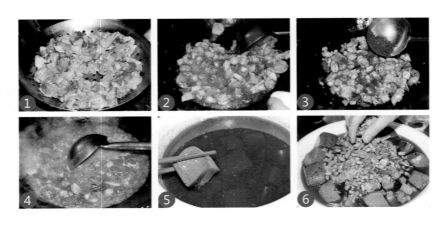

23 石锅老妈鸡

这是道创新菜，鸡块要先在锅里用泡海椒、泡姜、姜末、蒜末等调料炒香，然后换到高压锅里压制。出锅后，再重新入炒锅，加鲜花椒、尖椒块、鲜子姜、美人椒等一起炒香，最后盛入烧热的石锅上桌。其成菜风味特点是：鸡肉麻辣鲜香，软糯又富有嚼劲。之所以选用石锅作盛器，一是因为石锅看上去有范儿；二是因为石锅的热度可以让鲜子姜和美人椒的鲜香味道保持更长的时间，也让石锅里鸡块的味道更浓郁。

原料 / 调料

农家土公鸡	1只（约3000克）
鲜子姜片	150克
美人椒段	100克
青尖椒段	100克
盐	适量
鲜花椒	80克
泡海椒	100克
泡姜片	80克
姜末	60克
蒜末	60克
自制香辣料	200克
藤椒油	20毫升
菜油	800毫升
十三香	适量
白糖	适量
味精	适量
鸡精	适量
料酒	适量
酱油	适量
鲜汤	200毫升
熟芝麻	适量

制作方法

1. 把公鸡宰杀洗净后，斩块放入盆中，加料酒和酱油码味备用。

2. 往炒锅里倒入菜油，烧至五成热时下鲜花椒爆香，再放入泡海椒、泡姜片、姜末、蒜末和自制的香辣料炒香。把已经码好味的鸡块倒入锅里，在改用中火继续炒的同时，烹入料酒并倒入鲜汤，再一起倒入高压锅里后，上汽压数分钟，关火。

3. 往净锅里放菜油，烧至五成热时投入鲜花椒、鲜子姜片、美人椒段和青尖椒段，炒香以后把高压锅里的鸡块倒进去，改大火收汁至快干时，加入盐、味精、十三香、藤椒油、鸡精和白糖，起锅倒入已经烧热的石锅内，撒上熟芝麻即成。（图1～5）

烹调提示：自制香辣料是将锅中放入菜油烧热，下泡椒、干辣椒段、糍粑辣椒炒香后，关火并盛入盆中，静置一两天便可使用。

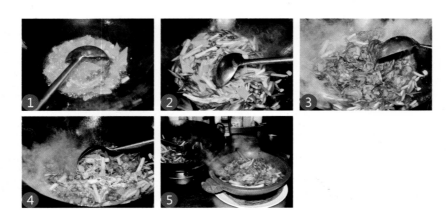

24 家常烧鸡脚

这道菜以鸡脚作为主料，辅以青笋块烧制成家常风味。

原料 / 调料

鸡脚	240 克
青笋	300 克
姜片	适量
葱段	适量
大蒜	适量
花椒	适量
豆瓣酱	适量
泡椒	适量
料酒	适量
盐	适量
白糖	适量
味精	适量
湿生粉	适量
泡椒油	适量
香菜段	适量
菜油	适量
鲜汤	适量

制作方法

1. 把鸡脚剁成小块，在加有姜片、葱段和料酒的沸水锅里汆熟后，捞出待用；把青笋切成滚刀块，下入加有油、盐的沸水锅里焯至断生后，捞出待用。

2. 净锅里放入菜油，下姜片、大蒜、花椒、豆瓣酱和泡椒炒香，待倒入适量鲜汤煮出味以后，把鸡脚下锅并加盐、白糖和味精调味；烧至鸡脚软熟时，倒入青笋块同烧至入味，最后用湿生粉勾薄芡并淋泡椒油，起锅装盘，撒一些香菜段即可。

25 开味鸭

原料 / 调料

净麻鸭	1000 克
儿菜	500 克
泡姜片	150 克
泡椒段	适量
大蒜	适量
豆瓣酱	适量
葱花	适量
盐	适量
料酒	适量
白糖	适量
味精	适量
鲜汤	少许
红油	适量
菜油	适量

制作方法

1. 把洗净的净麻鸭斩成小块，加盐和料酒码味后，入油锅里过油，倒出来沥油待用；把儿菜切成块待用。

2. 净锅放油菜烧热，下入泡姜片、泡椒段、大蒜、豆瓣酱和鸭块爆炒，倒入适量的鲜汤并加盐、料酒、味精和白糖调味。待烧至鸭块软熟时，加入儿菜块烧熟，再淋少许红油，起锅装碗，撒上葱花即成。

26 雷公鸭

原料 / 调料

土麻鸭	500 克
鲜藕	200 克
姜片	适量
葱段	适量
山柰	适量
八角	适量
桂皮	适量
香菜叶	适量
酱油	适量
一品鲜酱油	适量
白糖	适量
蚝油	适量
味精	适量
鸡粉	适量
香油	适量
色拉油	适量

制作方法

1. 将土麻鸭斩成块，鲜藕则切滚刀块，均待用。锅中倒入色拉油，烧至八成热时放入鸭块，炸至色金黄时便倒出来沥油。

2. 锅中倒入色拉油烧热，投入姜片和葱段炸香后，放入炸过的鸭块和藕块。往锅里倒少量的水，同时加入酱油、一品鲜酱油、味精、鸡粉、白糖、蚝油、香油、山柰、八角和桂皮。用小火慢烧 1 小时至鸭肉软熟便可起锅装盘，再放些香菜叶点缀即成。

27 红烧鹅

　　此菜选用土鹅作主料，虽然所用调料很简单，但成菜却显得滋醇味厚。

原料 / 调料

净土鹅	1200克
啤酒	1瓶
小米椒段	50克
青尖椒段	50克
大葱段	适量
蒜片	适量
姜片	适量
青花椒	适量
盐	适量
料酒	适量
冰糖色	适量
生抽	适量
菜油	适量

制作方法

1. 把净土鹅洗净后，剁成3厘米大小的块。

2. 净锅里放菜油烧热，先倒入鹅块爆炒至水汽干时，再放入姜片、青花椒、盐和料酒炒香。放冰糖色和生抽炒匀后，倒入一瓶啤酒并加适量清水。（图1～3）

3. 锅里的汤汁烧开后，把鹅块连汤一起倒入高压锅里，压熟后便离火待用。（图4）

4. 取净锅放少许的菜油烧热，下入小米椒段、青尖椒段、大葱段和蒜片炒香后，倒入鹅肉块及原汁，再加少许的盐调味。待烧至锅里汁水将干时，起锅装盘即成。（图5）

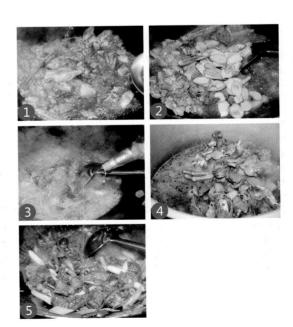

28 大蒜金元宝

原料/调料

鹌鹑肾	200克
大蒜	80克
姜片	适量
葱段	适量
姜末	适量
野山椒段	适量
泡红椒段	适量
料酒	适量
盐	适量
胡椒粉	适量
味精	适量
鲜汤	适量
湿生粉	适量
葱油	适量
色拉油	适量
青红椒段	适量

制作方法

1. 把鹌鹑肾洗净，投入加有姜片、葱段、料酒和少许盐的沸水锅里浸熟，捞出来在清水碗里漂凉待用；把大蒜投沸水锅焯至断生后，也放清水碗里漂凉待用。（图1）

2. 净锅放色拉油烧热，下姜末和野山椒段炒香，待倒入适量鲜汤烧开后，放入鹌鹑肾、大蒜和泡红椒段，再加盐、胡椒粉和味精调味。在把鹌鹑肾烧入味后，撒入青红椒段并用湿生粉勾薄芡，淋入葱油便可起锅装盘。（图2~4）

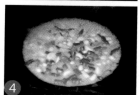

29 冷锅耗儿鱼

🍲 原料 / 调料

耗儿鱼	8 条（约 800 克）
芹菜段	150 克
魔芋片	80 克
泡青菜片	50 克
干辣椒段	适量
花椒	适量
干青花椒	适量
姜片	适量
蒜子	适量
葱段	适量
盐	适量
白酒	适量
陈村枧水	适量
味精	适量
鸡精	适量
鲜汤	适量
火锅底料	适量
香料油	适量
蘸碟	若干

🍳 制作方法

1. 把耗儿鱼洗净后，放入盆中加姜片、葱段、白酒和陈村枧水先腌 20 分钟，然后用清水冲漂去碱味待用。

2. 净锅里放入香料油烧热，先把姜片、蒜子、葱段和泡青菜片下锅炒香，捞出待用。在原炒锅里下入干辣椒段、花椒和干青花椒炝炒出香味，然后倒入鲜汤烧沸，再把先前炒过的原料放入锅内，在下入耗儿鱼和魔芋片后，调入火锅底料、盐、鸡精和味精。烧至鱼熟入味后，撒入芹菜段继续烧 1 分钟，即可出锅装盘。随蘸碟一起上桌，由客人自己舀原汤蘸食（图 1~3）。

烹调提示：
1. 香料油做法是将菜油放锅里烧至五成热时，下火锅豆瓣、姜片、葱段、干辣椒段、花椒、干青花椒、八角、山奈、丁香、桂皮、草果、香草、排草、白蔻、甘草、香叶和小茴香，待小火炒香出色后，离火静置 3 天，最后取上面的油脂即可。此处所用到的火锅底料则取自下面沉底的干料。
2. 蘸碟的做法是将榨菜粒、油酥黄豆、芹菜粒、葱花、小米椒末、鸡精、味精等调辅料入碗，加煮耗儿鱼的原汤调制而成。

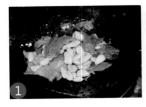
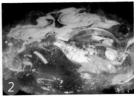

🍥 30 家乡鱼

🍚 原料 / 调料

草鱼	1 条
姜块	100 克
葱段	100 克
泡姜粒	适量
姜粒	适量
蒜粒	适量
豆瓣酱	适量
盐	适量
白糖	适量
胡椒粉	适量
味精	适量
鸡精	适量
鲜汤	适量
湿生粉	适量
化猪油	适量
化鸡油	适量
色拉油	适量

🍲 制作方法

1. 草鱼宰杀洗净后，在鱼身两侧剞斜刀，待用。

2. 锅中倒入鲜汤，调入盐、鸡精、味精、白糖、胡椒粉、化猪油和化鸡油，烧开后勾入湿生粉使其呈稠米汤状。接着下入姜块、葱段和草鱼，鱼煮熟后便捞出来控水。（图 1 ~ 3）

3. 净锅放入色拉油烧热，下入泡姜粒、姜粒、蒜粒、豆瓣酱、鸡精、盐、白糖、味精炒香，再倒入少许鲜汤烧开，熬成酱汁。（图 4）

4. 往盘子里淋入一半炒好的酱汁，再把煮熟的鱼放进去，最后把剩下的酱汁也浇上去即成。（图 5）

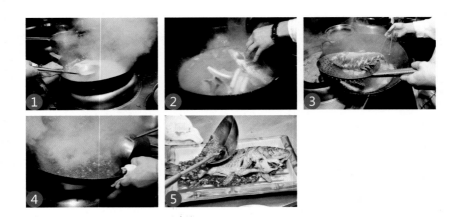

31 豇豆鱼

此菜是用黄辣丁为主料,重用了农家泡菜——酸豇豆,酸豇豆在这里既作辅料,又作调料。成菜家常味浓,酸辣爽口。

原料 / 调料

黄辣丁	750 克
泡豇豆	200 克
豆瓣酱	20 克
泡椒碎	15 克
小米椒段	10 克
泡姜末	适量
蒜末	适量
姜末	适量
香菜段	适量
盐	适量
白糖	适量
味精	适量
湿生粉	适量
花椒油	适量
菜油	适量

制作方法

1. 把黄辣丁宰杀洗净;把泡豇豆切成粒。

2. 净锅里放菜油烧热,先下入豆瓣酱、小米椒段、泡姜末、蒜末和姜末炒香,随后倒入泡豇豆粒和泡椒碎炒几下,再倒入适量清水烧煮。(图1、图2)

3. 待锅里的汤汁烧开后,下入黄辣丁,同时还要视泡豇豆粒的咸淡酌情加入盐、白糖和味精。烧至鱼肉熟透时,用漏勺把鱼捞起来装入窝盘。(图3、图4)

4. 将锅里的余汁上火烧开,用湿生粉勾薄芡后,淋入花椒油,起锅浇在盘中鱼身上,撒香菜段即成。

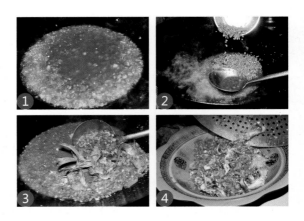

32 青椒汁烧鱼

原料 / 调料

鲤鱼	1 条
芹菜末	20 克
香菜末	20 克
葱花	20 克
马耳朵葱	适量
豆瓣酱末	适量
泡椒末	适量
辣椒面	适量
青二荆条辣椒粒	适量
花椒粉	适量
盐	适量
料酒	适量
白糖	适量
味精	适量
鸡粉	适量
鲜汤	适量
湿生粉	适量
菜油	适量

制作方法

1. 把鲤鱼宰杀洗净后，在鱼身两侧剞斜刀。下入六成热的油锅，炸至鱼肉熟透且表皮酥香时，捞出来沥油待用。（图 1 ~ 4）

2. 锅里放清水烧开，投入马耳朵葱并加盐、味精和鸡粉，再把鱼放进去煮 3 分钟，捞出来装盘备用。（图 5）

3. 锅里放菜油烧热，下入豆瓣酱末、泡椒末、辣椒面和青二荆条辣椒粒炒香，然后倒入鲜汤烧开，加入花椒粉、鸡粉、盐、味精、料酒和白糖调味，再勾入少许湿生粉推匀。放入芹菜末、香菜末和葱花烧开后，起锅浇在盘中鱼身上即成。（图 6 ~ 8）

33 长生果养颜烩

原料 / 调料

草鱼肉	500克
虾仁	25克
杏仁	25克
腐竹段	25克
蜜红豆	25克
金针菇	60克
菜心	50克
鲜汤	适量
姜葱汁	适量
盐	适量
湿生粉	适量
色拉油	适量

制作方法

1. 把草鱼肉制成泥，加盐、姜葱汁搅打成鱼糁后，用炒勺制成长条状。金针菇、菜心分别洗净，焯熟。

2. 净锅倒入色拉油，加热至五成热时，放入条状鱼糁炸至色金黄且熟透时捞出。

3. 往锅里倒入鲜汤，下入盐、炸好的鱼糁条、虾仁、杏仁、蜜红豆和腐竹段，调成咸鲜口味。煨约6分钟后，用湿生粉勾薄芡推匀，起锅盛入垫有金针菇和菜心的窝盘内即成。

34 家常花鲢鱼

原料 / 调料

花鲢鱼中段	500 克
猪五花肉粒	200 克
泡豇豆粒	50 克
芹菜碎	30 克
葱花	20 克
泡姜末	20 克
蒜泥	30 克
河鲜豆瓣	20 克
姜片	适量
葱段	适量
料酒	适量
盐	适量
味精	适量
鸡精	适量
白糖	适量
醋	适量
湿生粉	适量
鲜汤	适量
化猪油	适量
色拉油	适量

制作方法

1. 锅里放化猪油和色拉油烧热，投入姜片和葱段爆香，倒入鲜汤并调入盐和料酒。放入洗净的花鲢鱼中段烧沸后，关火闷熟，捞出来装盘待用。

2. 另起锅放化猪油和色拉油，烧热倒入投入猪五花肉粒，煵炒至干香，下入泡豇豆粒、泡姜末、蒜泥和河鲜豆瓣炒匀，倒入少量鲜汤烧沸，调入味精、鸡精、白糖和醋。在用湿生粉勾二流芡后，撒入芹菜碎和葱花推匀，出锅浇在盘中鱼段上面即成。

35 家常豆瓣鱼

传统川菜里面的豆瓣鱼多是用整鱼去制作，而这里却是将鲤鱼斩成块后，放入盆中加红薯淀粉和干姜粉腌渍，成菜口感滑嫩、入味更深。

原料/调料

鲤鱼	1200克
干姜粉	20克
红薯淀粉	80克
家常豆瓣酱	30克
泡青菜丝	60克
青椒段	30克
泡椒段	适量
泡姜末	适量
蒜瓣	适量
花椒	适量
香葱段	适量
盐	适量
胡椒粉	适量
料酒	适量
味精	适量
鸡粉	适量
鲜汤	适量
湿生粉	适量
化猪油	适量

制作方法

1. 把鲤鱼宰杀洗净后，放入盆中加盐、红薯淀粉、干姜粉和料酒拌匀，腌渍待用。

2. 锅里放化猪油烧热，先投入花椒炝香，再下入家常豆瓣酱、泡青菜丝、泡椒段、泡姜末、蒜瓣和青椒段一起翻炒匀。待倒入鲜汤烧开后，下入鲤鱼块并转小火烧至其熟透，其间放盐、味精、鸡粉和胡椒粉调味。出锅前用湿生粉勾薄芡，装盘后撒入香葱段即可。

36 家常麻麻鱼

　　麻麻鱼是四川民间对鲹条等小杂鱼的俗称，此菜用的是民间的家常烧法，特点是不加豆瓣酱，而是大量用到泡姜、泡椒、泡菜和大蒜。

原料 / 调料

麻麻鱼	750 克
泡姜碎	适量
泡椒碎	适量
泡菜碎	适量
蒜瓣	适量
大葱段	适量
葱花	适量
姜葱汁	适量
盐	适量
料酒	适量
味精	适量
鸡精	适量
鲜汤	适量
菜油	适量

制作方法

1. 把麻麻鱼逐一洗净，加盐、姜葱汁和料酒腌渍待用。

2. 锅里放菜油烧热，下入泡姜碎、泡椒碎、泡菜碎和蒜瓣一起炒香，倒入适量鲜汤烧开后，下入麻麻鱼烧制，其间加盐、料酒、味精和鸡精调味。烧至鱼熟时放入大葱段，出锅装盘并撒些葱花即成。

37 干烧鲫鱼

这道干烧鲫鱼有什么特别的地方呢？除了传统干烧鱼要用的姜末、蒜末、泡椒等之外，还加入了鲜小米辣、鲜子姜、榨菜粒、青椒碎等。

原料 / 调料

小鲫鱼	2000 克
泡椒末	80 克
泡姜末	80 克
蒜末	80 克
鲜红小米辣碎	适量
子姜丝	60 克
青椒碎	50 克
葱花	50 克
榨菜粒	40 克
姜片	适量
葱段	适量
盐	适量
料酒	适量
香醋	适量
味精	适量
鸡精	适量
湿生粉	适量
化猪油	适量
香油	适量
色拉油	适量

制作方法

1. 把小鲫鱼宰杀洗净，放入盆中加盐、料酒和姜片、葱段拌匀，腌渍半小时。将腌渍好的小鲫鱼下入七成热的油锅，炸至表面金黄时，倒出来沥油待用。（图1、图2）

2. 锅里放适量色拉油烧热，先下入泡椒末、泡姜末和蒜末炒香出色，再放适量鲜红小米辣碎一起翻炒。（图3）

3. 往锅里倒入适量的清水，加入料酒、香醋和子姜丝。烧开后，下入炸好的小鲫鱼，转小火烧制并加盐、味精和鸡精调味。（图4）

4. 烧至锅里的汁水将干时，加入青椒碎和化猪油炒匀，然后出锅盛入火锅盆内。将多余的汁水滗进炒锅，烧开后用湿生粉收至汁水浓稠，并淋少许香油后，浇在盆内鲫鱼上面，再撒入葱花和榨菜粒即可上桌。（图5、图6）

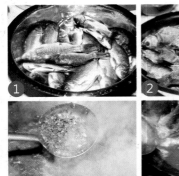
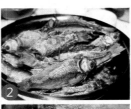
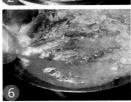

38 软烧鲫鱼

因为鲫鱼在下锅烧制前，并没有经过油炸或油煎，而是直接下到调好的汤汁里面烧，故称之为"软烧"。

原料 / 调料

鲫鱼	600 克
姜末	适量
蒜末	适量
豆瓣酱	适量
泡椒末	适量
葱末	适量
葱花	适量
料酒	适量
啤酒	适量
醪糟	适量
老抽	适量
香醋	适量
鲜汤	适量
湿生粉	适量
化猪油	适量
菜油	适量

制作方法

1. 先把鲫鱼宰杀洗净，再在鱼身两侧剞花刀。

2. 净锅里放化猪油和菜油烧热，先下入姜末、蒜末、豆瓣酱、泡椒末和葱末炒香，再倒入鲜汤烧开，放入鲫鱼烧制。

3. 加入料酒、啤酒、醪糟和少许的老抽，小火煮15 分钟后，再淋一点香醋并用湿生粉勾二流芡。起锅装盘后，撒上葱花即成。

39 干烧黄辣丁

原料 / 调料

黄辣丁	750克
猪五花肉粒	50克
姜末	20克
蒜粒	30克
葱段	30克
泡椒段	30克
芽菜末	20克
豆瓣酱	30克
盐	适量
料酒	适量
胡椒粉	适量
白糖	适量
香醋	适量
味精	适量
鲜汤	适量
红油	适量
色拉油	适量

制作方法

1. 把黄辣丁宰杀洗净后，用盐和料酒稍腌片刻，再下到七成热的色拉油锅里，炸至外表酥脆时，捞出来沥油待用。

2. 锅里留底油，放入猪五花肉粒煸炒至干香时，下入姜末、蒜粒、泡椒段、芽菜末和豆瓣酱炒香出色，再烹入料酒并倒入鲜汤烧开。然后把炸过的黄辣丁下锅，转小火烧至入味后，调入盐、胡椒粉、白糖和味精，再放入葱段并开大火，收至水将干时，倒入少量的香醋并淋些红油，出锅装盘即可。

40 红汤黄辣丁

在四川，对于黄辣丁的烹法有很多，常见的有泡菜风味、鲜辣风味、煳辣风味、菌汤风味、红汤风味等。然而此菜却与一般的家常味红汤黄辣丁做法不同，它在家常味的基础上增添了一股香辣味。

原料 / 调料

黄辣丁	750 克
土豆片	50 克
藕片	150 克
姜末	适量
蒜末	适量
干辣椒段	适量
花椒	适量
芹菜段	适量
大葱段	适量
葱花	适量
豆瓣酱	适量
泡姜末	适量
泡椒末	适量
盐	适量
味精	适量
白糖	适量
香料油	适量

制作方法

1. 黄辣丁宰杀洗净，备用。把土豆片、藕片放入加有少许盐的沸水锅里焯至断生，再捞出放窝盘里垫底。（图1）

2. 净锅放香料油，先下入姜末、蒜末、干辣椒段和花椒炒香，再下入豆瓣酱、泡姜末和泡椒末一起炒香，待倒入适量清水熬出味后，捞去料渣并放盐、味精和白糖调味。随后把黄辣丁放锅里，然后盖锅盖小火烧制两分钟。（图2）

3. 揭去锅盖继续烧至鱼熟且入味。撒入大葱段和芹菜段后，起锅装在放有土豆片、藕片垫底的窝盘里。（图3）

4. 净锅里放香料油，下入干辣椒段和花椒炝至香辣味浓时，浇在盘中黄辣丁上面，最后撒些葱花即成。（图4）

烹调提示：香料油做法见120页。

41 滋味湖鱼

原料 / 调料

草鱼	1000 克
猪五花肉	100 克
杏鲍菇	80 克
葱	20 克
小米辣	15 克
姜蒜	适量
蚝油	适量
辣妹子酱	适量
泡椒末	适量
盐	适量
胡椒粉	适量
料酒	适量
白糖	适量
辣鲜露	适量
鸡汁	适量
醋	适量
高汤	适量
色拉油	适量

制作方法

1. 将草鱼宰杀洗净后，改刀切成条，放入盆中加盐、胡椒粉、料酒码味待用。把猪五花肉切成粒，杏鲍菇切成丁，葱和小米辣切粒，均待用。

2. 净锅里放色拉油，烧至七成热时下鱼条，炸至金黄色便捞出来沥油待用。（图1）

3. 锅里底留油，先下猪五花肉粒煸炒几下，再把杏鲍菇丁、姜蒜、蚝油、辣妹子酱、泡椒末加进去炒香。倒入高汤并放入鱼条，加白糖、辣鲜露、鸡汁、醋、小米辣粒，烧至收汁即可盛出来，装盘时用葱粒稍加点缀即可。（图2~4）

此菜是把鲇鱼剁成块后，下锅与豆腐一同烧成的家常味热菜。
成菜麻辣、鲜香、嫩烫。

42 豆腐焖鲇鱼

🍲 原料 / 调料

江鲇鱼	600 克
豆腐	300 克
姜片	适量
葱段	适量
葱花	适量
姜末	适量
蒜末	适量
豆瓣酱	适量
小米椒段	适量
盐	适量
胡椒粉	适量
花椒面	适量
白糖	适量
料酒	适量
味精	适量
酱油	适量
鲜汤	适量
生粉	适量
红油	适量
菜油	适量
湿生粉	适量
香油	适量
花椒油	适量

制作方法

1. 把江鲇鱼宰杀洗净后，剁成块放入盆中，加姜片、葱段、盐和料酒码味。10 分钟后，拣去姜片、葱段并加生粉拌匀。（图1、图2）

2. 净锅放菜油烧热，下入鲇鱼块炸至定形便捞出。把豆腐切成条，投入加有盐的沸水锅里焯透后，捞出待用。（图3）

3. 净锅里放菜油和红油烧热，先下姜末、蒜末、豆瓣酱、小米椒段炒香，再倒入适量鲜汤并加盐、白糖、胡椒粉和味精调好味，随后把豆腐条和鲇鱼块下锅一同烧制。（图4）

4. 加盖焖至鲇鱼入味后，放一点酱油调色并用湿生粉勾薄芡，再淋入适量香油和花椒油，撒入花椒面和葱花便可起锅装盘。

这是一道乡土味浓郁的鳝鱼菜。

43 厚皮菜烧鳝段

🍲 原料 / 调料

去骨鳝鱼段	450 克
厚皮菜帮	300 克
酸菜碎	70 克
干辣椒段	适量
鲜红小米辣段	适量
姜末	适量
蒜末	适量
泡椒末	适量
干辣椒段	适量
花椒	适量
盐	适量
美极鲜	适量
鸡精	适量
味精	适量
湿生粉	适量
色拉油	适量
香菜叶	少许

♨ 制作方法

1. 把厚皮菜的菜帮切成条，放入加有油、盐的沸水锅煮熟后，倒出来沥水待用；把去骨鳝鱼段投入沸水锅，汆水后待用。（图1）

2. 锅里放少许色拉油烧热，放入酸菜碎、姜末、蒜末、泡椒末、干辣椒段和花椒炒香出色，倒入适量清水并放入鳝鱼段和厚皮菜。烧制的过程中加盐、味精、鸡精和美极鲜调味，用湿生粉勾薄芡后，出锅盛盘内待用。（图2~4）

3. 锅洗净放少许色拉油烧热，放入干辣椒段和鲜红小米辣段炝香，出锅浇在盘中鳝鱼段上面，最后点缀香菜叶即成。（图5）

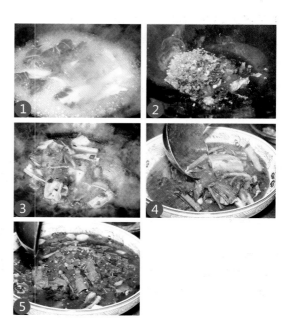

44 豆腐鳝鱼

原料 / 调料

鳝鱼	300 克
豆腐	200 克
豆瓣酱	30 克
火锅底料	20 克
五香粉	5 克
干辣椒段	适量
姜末	适量
蒜末	适量
盐	适量
白糖	适量
酱油	适量
味精	适量
鲜汤	适量
菜油	适量
藿香叶	少许

制作方法

1. 把鳝鱼宰杀并剔去大骨，洗净后剁成小段待用。把豆腐切成条待用。

2. 净锅里放菜油烧热，下入豆瓣酱、火锅底料、五香粉、姜末和蒜末炒香。倒入鲜汤烧开后，放鳝鱼段和豆腐条一起煮，再加入盐、白糖、酱油和味精烧入味，出锅倒在已经烧烫的砂煲里。

3. 把锅洗净重新上火，倒入适量的菜油烧热后，放入干辣椒段炝出煳香味，起锅浇在豆腐条和鳝鱼段上面，撒上藿香叶即成。

45 鳝鱼粉丝

🥘 原料 / 调料

新鲜土鳝鱼	350 克
水发细粉丝	150 克
姜末	适量
泡椒段	适量
豆瓣酱	适量
大蒜片	适量
花椒	适量
大葱粒	适量
芹菜段	适量
花椒面	适量
盐	适量
酱油	适量
味精	适量
菜油	适量
鲜汤	适量

🍲 制作方法

1. 取新鲜土鳝鱼剔骨后，改刀成长段，洗净血水再投入沸水锅，氽一水便捞出。（图1）

2. 净锅放菜油烧热，下入花椒炝锅后，倒入鳝鱼段爆炒，至水汽稍干时，加姜末、泡椒段、豆瓣酱、大蒜片和盐同炒至出香味。（图2、图3）

3. 往锅里放入水发细粉丝，稍炒几下便倒入适量鲜汤，加盐、酱油、味精调味后，撒入大葱粒和芹菜段，烧至鳝鱼粉丝入味且锅里的汁将干时，起锅装盘并撒些花椒面即可。（图4）

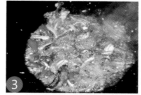

46 豆花泥鳅

原料 / 调料

去骨泥鳅片	300 克
豆花	500 克
豆瓣酱	适量
姜末	适量
蒜末	适量
泡椒末	适量
香菜段	适量
盐	适量
料酒	适量
鲜汤	适量
味精	适量
菜油	适量
白糖	适量

制作方法

1. 把泥鳅片放入加有盐和料酒的沸水锅里，汆一水便倒出来待用；豆花划成块待用。

2. 锅里放菜油加热，下入豆瓣酱、泡椒末、姜末和蒜末炒香，倒入适量鲜汤烧开后，加盐、白糖和味精调味。随后放入泥鳅片和豆花块，烧至入味便装碗，撒些香菜段即成。

把透明的虾敲片与配料一起下锅，然后烩制成酸辣味的菜品。配料选择上除了用脆爽的原料外，还可加软滑的原料，如土豆粉条、银丝粉等。

47 三鲜酸汤水晶虾

原料 / 调料

做好的虾敲片	300 克
土豆片	60 克
玉兰片	60 克
水发木耳	60 克
小米椒末	20 克
泡酸菜片	40 克
野山椒	20 克
青红椒粒	30 克
姜片	适量
蒜片	适量
葱段	适量
盐	适量
料酒	适量
胡椒粉	适量
味精	适量
鸡精	适量
酸汤	适量
色拉油	适量

制作方法

1. 把土豆片、玉兰片和水发木耳一起下到加有油、盐的沸水锅里，焯熟便捞出来沥水，然后装窝盘里垫底。（图1）

2. 净锅放入色拉油烧热，先下入泡酸菜片、野山椒、小米椒末、姜片、蒜片和葱段爆香，在倒入酸汤烧沸后，加入盐、料酒、胡椒粉、味精和鸡精调味。待放入虾敲片煮入味以后，出锅装盘，最后把已经用油炝香的青红椒粒浇上去即成。（图2~5）

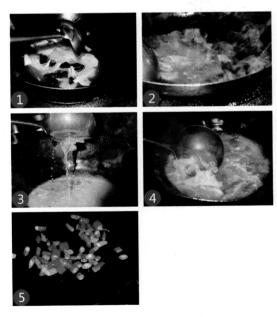

烹调提示：虾敲片的做法见32页。虾敲片不宜久煮，入味即可。

48 双豆红焖甲鱼

原料 / 调料

大甲鱼	1 只
土豆块	500 克
四季豆段	250 克
豆瓣酱	75 克
火锅底料	10 克
高汤	1200 毫升
姜片	适量
葱段	适量
大蒜	适量
孜然粉	适量
盐	适量
味精	适量
鸡粉	适量
香油	适量
花椒油	适量
化猪油	适量
化鸡油	适量
香料油	适量
色拉油	适量
八角	少许
山柰	少许
草果	少许
小茴香	少许

制作方法

1. 把甲鱼宰杀洗净后剁成块，入沸水锅里氽一下便捞出待用；土豆块入色拉油锅稍炸后，倒出沥油待用；把四季豆段入沸水锅里焯熟待用。

2. 净锅上火，放化猪油、化鸡油和香料油烧热后，下入姜片、葱段、大蒜和甲鱼块煸炒至出香味，接着加入少量的八角、山柰、草果和小茴香一起炒，在调入豆瓣酱、火锅底料炒香后，倒入高汤并改小火煨 15 分钟，再下入土豆块和四季豆段同烧。其间放盐、味精、鸡粉、孜然粉，待烧至锅里汤浓汁稠时，淋入香油、花椒油便可出锅装盘。

烹调提示：香料油做法见 120 页。

蒸煮炖菜

1 粉蒸厚皮菜

　　以往，厚皮菜在厨师手里多是用来做烧菜或炒菜，比如豆瓣酱烧厚皮菜、蚕豆炒厚皮菜等，但很少见到有人用来粉蒸。

原料 / 调料

厚皮菜梗	300 克
青豌豆	40 克
蒸肉米粉	80 克
油酥豆瓣	25 克
葱花	适量
盐	适量

制作方法

取厚皮菜的梗切成条，投入沸水锅里焯水后，捞出来漂凉并沥水后放入盆中，随后加油酥豆瓣、盐、青豌豆和蒸肉米粉拌匀。待入笼蒸熟后，取出来翻扣在平盘里，撒上葱花即成。

2 豆汤锅巴

　　把软滑的豆汤与酥脆的锅巴放在一起，在口感上形成了一种强烈对比，同时还能体现出原料特点互补的优势。

 原料 / 调料

煮熟的豌豆	150 克
炸酥的碎锅巴	100 克
盐	适量
胡椒粉	适量
味精	适量
鸡精	适量
湿生粉	适量
化鸡油	适量
化猪油	适量
鲜汤	适量

制作方法

1. 将煮熟的豌豆压成豌豆泥，备用。

2. 往炒锅里放入化鸡油和化猪油烧热，下入豌豆泥炒香后，再倒鲜汤并调入盐、味精、鸡精和胡椒粉，熬出香味。加湿生粉勾二流芡以后，出锅装入大汤碗，撒上已经炸酥的碎锅巴即成。

∃ 糯米蒸肉

原料 / 调料

带皮猪五花肉	700 克
蒸肉米粉	1 袋
姜末	10 克
花椒面	5 克
生豆瓣	50 克
豆腐乳	10 克
醪糟	20 克
糯米	适量
酱油	适量
葱花	适量
鸡精	适量
味精	适量
荷叶饼	若干

制作方法

1. 把带皮猪五花肉切成厚片，加蒸肉米粉、姜末、花椒面、生豆瓣、豆腐乳、醪糟、鸡精和味精拌匀后，放蒸盘里入笼旺火蒸熟；把糯米用清水泡涨后，捞出来加点酱油上色。

2. 取蒸好的猪五花肉片逐一粘匀糯米，再入笼蒸熟。取出后在木盒里摆好，并撒上葱花，与蒸好的荷叶饼一起上桌即可。

④ 农家盐菜扣肉

原料 / 调料

猪五花肉	750 克
盐菜末	200 克
姜片	适量
蒜片	适量
豆豉	适量
泡椒段	适量
葱花	适量
酱油	适量
菜油	适量

制作方法

1. 把猪五花肉放在沸水锅里煮至断生，捞出来在其皮面上抹少许酱油。锅中倒入菜油烧热，下入猪五花肉炸至皮色金红时，捞出来切成方块，皮面朝下放入碗中。

2. 往炒锅里放少许的菜油，下入姜片、蒜片、豆豉、盐菜末和泡椒段炒香后，出锅盛入碗中的肉块上面。入笼蒸至肉块软糯后，取出来翻扣在盘中，撒上葱花即成。

5 极品大烧白

这道菜是在传统咸烧白的基础上改进而来的新菜，因为猪肉切得厚而宽大，所以成菜有很强的视觉冲击力。

猪五花肉煮熟上色并切块后，需要先压后蒸。垫底料用的不是盐菜，而是口感略脆的咸菜。

原料 / 调料

猪五花肉	200 克
咸菜	300 克
姜片	适量
葱段	适量
花椒	适量
豆豉粒	适量
料酒	适量
生抽	适量
老抽	适量
鲜汤	适量
色拉油	适量

制作方法

1. 把整块猪五花肉洗净，放入加有姜片、葱段和料酒的冷水锅，煮至刚熟时捞出来，趁热在猪皮上抹上老抽。将晾凉的猪五花肉四周修切整齐，最后切成长约 15 厘米、宽约 4 厘米、厚约 1 厘米的块。（下页图1、图2）

2. 锅里放色拉油，烧至六成热，把肉块逐一下入油锅。炸至表面稍变色时，捞出来沥油，随后放进高压锅里待用。（下页图3、图4）

3. 把咸菜的叶子切成碎末，根茎部位则切成粒。留一半的咸菜粒待用，其余的则全部放入装有猪肉块的高压锅内，再加入姜片、豆豉粒、花椒、生抽和少许鲜汤，加盖上火，烧上汽后压约8分钟。（下页图5、图6）

4. 把压好的肉块取出来，皮朝下放入蒸碗，再把锅里的咸菜碎和待用的咸菜粒放在上面，入笼蒸约40分钟，取出来翻扣在盘里即成。（下页图7、图8）

烹调提示：肉块下锅炸制，一是为了上色；二是为了炸去部分油脂，降低成菜的油腻感。把咸菜碎和肉块一起压制，是为了使其入味；而部分咸菜粒后放，则是为了保持其脆爽的口感。

6 卤肉粉条

这里是把猪肉炖粉条里的猪肉换成了卤肉，味道更加醇浓。

原料 / 调料

水发红薯粉条	240 克
卤猪肉片	80 克
娃娃菜块	适量
姜片	适量
葱段	适量
八角	适量
盐	适量
胡椒粉	适量
老抽	适量
味精	适量
鸡精	适量
鲜汤	适量
色拉油	适量
藿香碎	少许
卤水	少许

制作方法

1. 锅里放色拉油烧热，投入姜片、葱段和八角爆香后，倒入鲜汤烧沸后放入水发红薯粉条、卤猪肉片和娃娃菜块。

2. 待调入盐、味精、鸡精、老抽、胡椒粉和少量的卤水煮入味以后，出锅装入砂锅里，撒上藿香碎即成。

7 氽汤酥肉

炸酥肉是巴蜀民间常见的一道菜，而氽汤酥肉则是把炸酥肉再放入汤锅里煮制。成菜外滑内软，味道清鲜。

原料 / 调料

猪五花肉	300 克
红薯淀粉	200 克
莴笋叶	100 克
姜末	适量
花椒碎	适量
盐	适量
胡椒粉	适量
味精	适量
清汤	适量
菜油	适量
葱花	适量

制作方法

1. 把肥瘦各半的猪五花肉切成条，放入盆中加入盐、姜末和花椒碎搅匀，再放入大量的红薯淀粉和适量的清水，抓拌均匀腌渍待用。（图 1、图 2）

2. 锅里放入菜油烧至五成热时，把猪肉条抓散了下锅，炸至表面金黄酥脆时，倒出来沥油待用。（图 3、图 4）

3. 锅里倒入清汤烧开，放入炸好的酥肉煮 5 分钟，其间放盐、味精和胡椒粉调味，出锅倒在垫有莴笋叶的窝盘里，最后撒些葱花即可。（图 5）

烹调提示：炸酥肉时，红薯淀粉的用量要稍多，以淀粉浆完全包裹住肉为宜。为了保持汤汁清澈，可先把酥肉放盆里，加清汤上笼蒸 30 分钟后，再倒入垫有蔬菜的盘里。

B 酥肉香碗

原料/调料

猪五花肉	500 克
海带丝	100 克
水发黄花菜	50 克
鸡蛋	2 个
豆粉	80 克
花椒面	5 克
醋	10 毫升
藤椒油	15 毫升
蛋皮丝	适量
葱花	适量
盐	适量
酱油	适量
鸡精	适量
味精	适量
鲜汤	适量
色拉油	适量

制作方法

1. 鸡蛋打散成鸡蛋液。把猪五花肉切片，加盐、鸡蛋液、豆粉和花椒面拌匀。锅内加色拉油烧至五成热，下入猪五花肉片炸成酥肉，捞出来切成条待用。

2. 取一大号蒸碗，先放酥肉条垫底，再放入海带丝和水发黄花菜，倒入鲜汤并调入盐、鸡精、味精和酱油后，入笼蒸 1 小时取出来，滗出原汤再翻扣于汤碗内，撒上蛋皮丝和葱花。另把原汤入锅烧开，淋入醋和藤椒油，出锅浇在酥肉上即成。

9 滑肉汤

做这道菜的关键还在于要用刀背先将肉捶松，然后放入碗中加鸡蛋清拌匀，并选用品质好的红薯淀粉。

原料 / 调料

猪净瘦肉	300 克
红薯淀粉	150 克
豌豆尖	200 克
鸡蛋清	60 克
姜末	适量
葱花	适量
盐	适量
胡椒粉	适量
味精	适量
色拉油	适量

制作方法

1. 把猪净瘦肉片成大厚片，再用刀背反复捶打，然后逐片改切成小条，放入碗中加鸡蛋清搅打上劲，再加盐、胡椒粉和红薯淀粉抓匀。（图1、图2）

2. 净锅放少许色拉油，下入姜末炝香，再倒入适量清水烧开，改小火并将拌好的肉条逐一下到沸水锅里，见其定形后改中火，煮至肉熟再放盐和味精调成鲜口味。随后盛入垫有豌豆尖的汤碗，撒上葱花即成。（图3、图4）

⑩ 酸菜粉丝滑肉

这道半汤菜，是把酸菜粉丝汤与民间的水滑肉相结合而成。

原料 / 调料

猪瘦肉	150 克
酸菜丝	50 克
野山椒碎	适量
水发粉丝	100 克
姜末	适量
葱花	适量
盐	适量
味精	适量
料酒	适量
鸡蛋清	适量
红薯淀粉	适量
色拉油	适量

制作方法

1. 把猪瘦肉切成条，放入碗中加姜末、盐、料酒、鸡蛋清和红薯淀粉拌匀。

2. 净锅放色拉油烧热，下入酸菜丝、野山椒碎炒香后，倒入适量清水烧至微开，再分散着下入肉条煮熟，接着把水发粉丝下锅并加入盐、味精调味，起锅装碗后，撒些葱花即成。

⑪ 灌汤酥排

原料 / 调料

猪排骨	400 克
西蓝花	120 克
鸡蛋生粉糊	100 克
水发海带丝	80 克
水发黄花菜	80 克
盐	适量
胡椒粉	适量
鸡汁	适量
高汤	适量
化鸡油	适量
色拉油	适量

制作方法

1. 把猪排骨砍成 1 厘米长的段，冲水沥干后，放入盆中并加入盐和胡椒粉抓匀码味 10 分钟。再与鸡蛋生粉糊一起拌匀，下入热油锅里炸熟后捞出；将水发海带丝和干黄花菜一同放入沸水锅里，焯一下便捞出；西蓝花放沸水锅中焯熟待用。

2. 将炸过的排骨段码放在扣碗里，倒入鸡汁和高汤，放入黄花菜和海带丝，上蒸笼蒸熟后，取出来扣入盛器内。

3. 净锅里倒入高汤，用适量的盐、鸡汁、化鸡油调味，烧沸便起锅浇在排骨段上面，周围摆上焯熟的西蓝花即成。

12 花椒拱嘴

原料 / 调料

卤熟的猪拱嘴	200 克
金针菇	50 克
青笋丝	100 克
青红椒圈	50 克
干青花椒	10 克
姜末	适量
蒜末	适量
葱花	适量
香菜末	适量
豆瓣酱	适量
泡椒末	适量
鸡精	适量
味精	适量
鲜汤	适量
菜油	适量

制作方法

1. 把卤熟的猪拱嘴切成片待用；把金针菇放沸水锅里焯熟，捞出来装盆里，放入青笋丝、葱花和香菜末拌匀，一起放盘里垫底。（图 1）

2. 净锅倒入菜油，烧至四成热时，放入猪拱嘴片煸炒出油，再下入豆瓣酱、泡椒末、姜末和蒜末炒香出色后，倒入鲜汤并放入青红椒圈稍煮一会儿，其间调入鸡精和味精。待出锅装盘后，把干青花椒放入热油锅炝出香味，起锅浇在盘中菜肴上面，最后点缀香菜末即成。（图 2~5）

🍲 13 花椒猪蹄

此菜是酸辣中带着藤椒和韭菜风味。

🥗 原料 / 调料

猪蹄	1.5 只
青笋丝	150 克
小米椒圈	30 克
韭菜碎	25 克
姜片	适量
花椒	适量
盐	适量
鲜露	适量
陈醋	适量
味精	适量
鸡精	适量
藤椒油	适量

🍲 制作方法

1. 把猪蹄洗净并剁成块，在沸水锅里汆一下后，捞出来用水冲洗净，再放入高压锅里放姜片、花椒并倒入清水，上火压至软熟时，取出来用水冲净表面附着的油脂待用。把青笋丝放在土钵内垫底。(图1)

2. 净锅上火，倒入适量清水，下入猪蹄块烧开后，加盐、鲜露、陈醋、味精和鸡精调味，再撒入小米椒圈和韭菜碎，同时淋入少许藤椒油，出锅装在垫有青笋丝的土钵里即可。（图2~5）

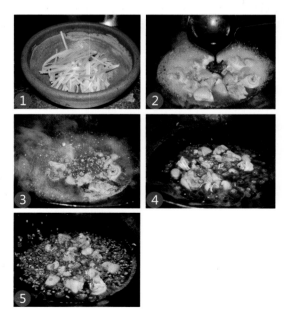

⑭ 车前草炖猪蹄

　　车前草是一种野菜。这道民间菜据说有清热去火的功效。

原料 / 调料

猪蹄	500 克
绿豆	100 克
车前草	200 克
盐	适量

制作方法

把猪蹄洗净，放入装有清水的锅里并加绿豆一起炖煮至软熟，再加入车前草同炖 5 分钟，放盐调好味便可装碗上桌。

烹调提示：为了让菜色美观，车前草下锅炖至断生即可装碗上桌。也可以久炖，成菜的山野风味会更加浓郁。

15 田园洗肺汤

　　此菜把猪肺丁、鸭肉丁和鸭血丁与豌豆汤烩在一起，趁其滚烫时上桌，然后倒入盛有川芎尖（不当季时，也可用香菜碎、葱花代替）的水瓢里，香气很特殊。

原料 / 调料

熟猪肺丁	100 克
熟鸭肉丁	100 克
鸭血丁	100 克
豌豆	80 克
香菜碎	适量
葱花	适量
盐	适量
鲜汤	适量
化猪油	适量

制作方法

1. 鸭血丁放入沸水锅中余熟。净锅放入化猪油烧热，先下入豌豆炒香，待倒入鲜汤烧开后，放入熟猪肺丁、熟鸭肉丁和鸭血丁，煮至滚烫时加盐调味，起锅盛在容器内。

2. 把盛有猪肺汤的容器端上桌，食用时加入香菜碎、葱花即成。

⑯ 麻辣肥肠鱼

原料 / 调料

鲜活花鲢鱼	1 条
白卤肥肠	200 克
青笋片	150 克
自制麻辣红汤	2 升
自制麻辣油	300 毫升
干辣椒段	适量
花椒	适量
姜片	适量
大蒜	适量
盐	适量
料酒	适量
味精	适量
红薯淀粉	适量
花椒油	适量
菜油	适量

制作方法

1. 把花鲢鱼宰杀洗净，取下两扇带皮鱼肉片成大薄片，把鱼头、鱼尾及鱼身剁成块。一起放入盆中加盐、料酒和红薯淀粉拌匀码味。把白卤肥肠切段。

2. 净锅放入菜油烧热，先下姜片、大蒜炒香，再倒入自制麻辣红汤，烧开后加盐和味精调味，放入鱼块和鱼片煮熟，淋入花椒油，然后连汤带料倒入火锅盆，同时放上肥肠段。

3. 锅洗净重新上火，放入自制麻辣油烧热后，再下入干辣椒段、花椒炝香，随后倒在火锅盆里，捡入青笋片即可上桌。

烹调提示：
1. 自制麻辣红汤做法是把菜油倒入锅中烧热，下入豆瓣酱、花椒、泡椒段、泡酸菜片和泡萝卜片炒香后，再加入芹菜段、香菜段、青笋块、洋葱段等增香的蔬菜料，炒干水汽后倒入鲜汤，熬至出香味即可。
2. 自制麻辣油做法是把菜油入锅烧热后，加干辣椒段、花椒、大葱段、姜片、大蒜和多种香料入锅炼香，待离火静置晾凉后，滤渣即可。

17 麻香腰花

原料 / 调料

猪腰	400 克
金针菇	100 克
姜末	10 克
蒜末	20 克
盐	适量
料酒	适量
辣妹子酱	适量
胡椒粉	适量
生抽	适量
老抽	适量
白糖	适量
味精	适量
鸡精	适量
干生粉	适量
湿生粉	适量
鲜汤	适量
花椒油	适量
香油	适量
豆瓣油	适量
色拉油	适量
熟芝麻	少许
葱花	少许

制作方法

1. 把猪腰对剖成两半后，用刀片去除腰骚再剖成麦穗花刀，放入碗中用盐、料酒和干生粉码味上浆。锅里倒入色拉油，加热至三成热时，放入码好味的猪腰滑熟，捞出来沥油待用。把金针菇投入沸水锅焯至断生便捞出来沥水，放盘里垫底。

2. 净锅里放入豆瓣油烧热，放入姜末、蒜末和辣妹子酱炒香出色，锅中烹料酒并倒入鲜汤烧沸，然后放入盐、胡椒粉、生抽、老抽、白糖、味精和鸡精调味。把腰花下锅稍煮，再用湿生粉勾芡，淋入花椒油和香油推匀后，出锅装入垫有金针菇的盘内，撒些熟芝麻和葱花即成。

18 土钵鲜黄喉

此菜在常见的鲜椒黄喉口味基础上增加了藤椒油的味道，而且还因为添加了豉油、蚝油，让成菜的口味层次变得更丰富。

原料 / 调料

猪黄喉	400 克
脱水青笋片	100 克
子姜片	30 克
鲜青花椒	15 克
青红美人椒圈	15 克
豉油	适量
蚝油	适量
盐	适量
味精	适量
藤椒油	适量
生菜油	适量

制作方法

1. 把猪黄喉逐一剞梳子花刀，然后投入沸水锅汆一下捞出；把青笋片、子姜片放土钵内垫底。

2. 净锅里倒入适量清水烧开，放入豉油、蚝油、盐和味精调味后，下入黄喉稍煮并淋藤椒油，起锅盛于土钵内。

3. 把锅洗净重新上火，放生菜油烧热后，下入青红美人椒圈和鲜青花椒炒香，起锅浇在钵中黄喉上面即成。

⑳ 水灼牛肉丝

这道菜运用了四川峨眉山民间的做法，成菜与油重且麻辣刺激的水煮牛肉有很大的不同。

原料 / 调料

净牛肉	300 克
白萝卜	150 克
刀口辣椒	适量
鸡蛋液	适量
胡椒粉	适量
盐	适量
味精	适量
鸡精	适量
葱花	适量
香菜	适量
湿生粉	适量

制作方法

1. 把净牛肉切成粗丝放入盆中，加入盐、清水、胡椒粉、鸡蛋液和湿生粉拌匀后，腌渍待用；把白萝卜切成细丝待用。

2. 往锅里倒入清水，下白萝卜丝煮至软熟，其间加盐、味精、胡椒粉和鸡精调味，随后下入牛肉丝煮至断生，再用湿生粉勾玻璃芡。出锅装盘并撒少许刀口辣椒，最后点缀葱花和香菜即可。

⑲ 鲜椒黄喉

原料 / 调料

黄喉	400 克
黄瓜片	100 克
青椒段	30 克
鲜青花椒	20 克
青椒块	30 克
小米椒段	30 克
胡萝卜块	30 克
香菜	30 克
芹菜段	30 克
洋葱块	30 克
姜片	适量
葱段	适量
盐	适量
料酒	适量
鲜露	适量
生抽	适量
味精	适量
色拉油	适量

制作方法

1. 把黄喉洗净，剞花刀后切成块，投入加有姜片、葱段和料酒的沸水锅，氽一下后捞出待用；把青椒块、小米椒段、胡萝卜块、香菜、芹菜段、洋葱块放入锅中，加清水熬出味后，滤去渣，加鲜露、生抽、盐、味精调成青椒汁水。

2. 把青椒汁水放入锅中烧开，下入黄喉稍煮后起锅，盛入垫有黄瓜片的窝盘里。净锅上火倒入色拉油加热，放入青椒段和鲜青花椒炒香，起锅浇在窝盘内的黄喉上即可。

21 牛肉烧白

这道菜是把传统咸烧白的主料猪五花肉换成了牛头肉。牛头肉本身的胶质较重，故省掉了"过红走油"的步骤。因为牛头肉脂肪含量很少，所以要把冬菜和芽菜先同肥肉一起进行蒸制。

原料 / 调料

牛头肉	600 克
芽菜	50 克
冬菜	50 克
肥膘肉片	40 克
姜末	适量
盐	适量
胡椒粉	适量
糖色	适量
鸡汤	适量

制作方法

1. 把牛头肉洗净，放到加有盐的鸡汤里煨至软糯，捞出来抹上糖色，晾凉后切成片，再皮朝下装入蒸碗待用；把芽菜和冬菜放碗里，加入肥膘肉片、胡椒粉和姜末，上笼蒸 30 分钟后，取出来拣去肥膘肉片后待用。

2. 把蒸好的芽菜和冬菜倒在摆有牛头肉的碗里，上笼蒸制 1 小时后，取出来倒扣在圆盘里即成。

22 牛杂旺

原料 / 调料

牛毛肚	80 克
牛肝	80 克
牛耳	80 克
牛头皮	80 克
红薯粉条	100 克
豆芽	100 克
鸭血块	100 克
牛骨	200 克
鸡骨架	200 克
干辣椒段	适量
花椒	适量
姜块	适量
豆瓣酱	适量
火锅底料	适量
姜粒	适量
蒜末	适量
盐	适量
料酒	适量
葱结	适量
藤椒油	适量
菜油	适量

制作方法

1. 把牛毛肚、牛肝、牛耳和牛头皮分别洗净后，一并下入加有料酒、姜块和葱结的沸水锅里煮至八分熟，捞出来切成片待用；将红薯粉条和豆芽在沸水锅里煮熟后，盛入圆钵内垫底；把鸭血块在沸水锅里煮至断生，捞出来待用。锅中放清水，加牛骨和鸡骨架熬成骨汤，备用。

2. 炒锅里倒入菜油烧热，放入豆瓣酱、火锅底料和姜粒、蒜末炒香后，再倒入骨汤，烧开并捞去料渣。把牛杂片和鸭血块放入锅内略烧，起锅倒入垫有红薯粉条和豆芽的钵内，最后淋入藤椒油。

3. 净锅放入少许的油烧热，投入干辣椒段和花椒炝香，起锅浇在钵内的牛杂上面即可。

23 豆花牛杂

🥗 原料 / 调料

牛杂（牛心、牛肠、牛肚等）	150 克
豆花	500 克
土豆粉	1 袋
青红椒圈	20 克
青花椒	5 克
藕片	适量
酸萝卜片	适量
野山椒	适量
姜块	适量
葱结	适量
盐	适量
鸡粉	适量
白醋	适量
牛棒骨汤	适量
牛油	适量
色拉油	适量

🍲 制作方法

1. 把牛杂投入沸水锅里汆水后，再下到加有姜块、葱结的沸水锅里煮熟，捞出来切片待用。

2. 往锅里放牛油烧热，下入酸萝卜片和野山椒炒香后，倒入牛棒骨汤熬 10 分钟，捞去料渣制成酸萝卜汤待用。

3. 在沸水锅里下入豆花，加盐煮至豆花稍烫时，出锅盛入盛器中。把土豆粉和藕片放入沸水锅里煮熟，捞入盛器中待用。

4. 往净锅里倒入之前备好的酸萝卜汤，放入牛杂烧一会儿，其间加入盐、鸡粉、白醋调味，起锅盛入装入豆花的盛器中。

5. 净锅里倒入色拉油烧热，放入青红椒圈和青花椒炒香，起锅浇在牛杂上即成。

24 鲜椒兔

原料 / 调料

鲜兔肉	300 克
子姜片	100 克
小米椒段	80 克
青辣椒圈	30 克
姜末	适量
蒜末	适量
鲜青花椒	适量
五香粉	适量
盐	适量
胡椒粉	适量
料酒	适量
酱油	适量
晒醋	少许
味精	适量
鸡精	适量
干生粉	适量
自制红油	适量
色拉油	适量
豆瓣酱	少许
鲜汤	少许

制作方法

1. 把鲜兔肉斩成丁放入盆中，加盐、胡椒粉、料酒、鸡精和干生粉拌匀，腌渍几分钟待用。

2. 锅中倒入油，烧至五成热时下入兔肉丁滑油，随后倒出来沥油待用。

3. 锅里留底油，放入豆瓣酱、姜末、蒜末、鲜青花椒和五香粉炒香后，倒入少许鲜汤并放入子姜片和小米椒段煮一会儿，再把已经滑过油的兔肉丁下锅，调入鸡精、味精、酱油和晒醋，撒入青辣椒圈，起锅前淋入适量自制红油，装盘即成。

烹调提示：自制红油是将锅里放入菜油烧热，待投入洋葱块、大葱段和小葱段熬香后，加入适量的豆瓣酱和泡辣椒末，熬至水汽干时，捞去料渣即可。

25 六合鸡

此菜借鉴了水煮牛肉的做法，只不过将主料改为鸡肉。成菜具有麻、辣、烫、鲜、嫩、香的特点，故取名叫六合鸡。

原料 / 调料

去骨鸡腿肉	350 克
蒜苗段	50 克
莴笋叶	50 克
芹菜段	30 克
煳辣椒碎	20 克
干青花椒	适量
姜末	适量
蒜末	适量
郫县豆瓣	适量
盐	适量
酱油	适量
胡椒粉	适量
味精	适量
鸡精	适量
红薯淀粉	适量
色拉油	适量
鲜汤	适量
葱花	适量

制作方法

1. 把去骨鸡腿肉斩成丁，放入碗中加盐、酱油、胡椒粉和红薯淀粉拌匀，腌渍 10 分钟，放入沸水锅滑熟待用。

2. 净锅里放入色拉油烧热，倒入蒜苗段、莴笋叶和芹菜段，加盐翻炒至刚断生，出锅盛盘里垫底。

3. 锅里放入色拉油，烧至四成热时下入姜末、蒜末和郫县豆瓣，炒香出色再倒入鲜汤烧开，其间加盐、味精和鸡精调味。放入滑熟的鸡肉丁稍煮后，出锅盛入垫有蔬菜的盘内，撒入煳辣椒碎和葱花待用。

4. 净锅里放入色拉油，烧至六成热便投入干青花椒炸香，出锅浇在盘中鸡肉上面即可。

26 剁椒鸭肠

原料 / 调料

鲜鸭肠	250 克
发好的红薯粉条	150 克
黄豆芽	50 克
鲜小米椒粒	20 克
青红椒圈	50 克
姜末	适量
蒜末	适量
香菜末	适量
盐	适量
料酒	适量
鸡精	适量
味精	适量
蒸鱼豉油	适量
花椒面	适量
鲜汤	适量
混合油	适量

制作方法

1. 把鲜鸭肠洗净后，改刀成 10 厘米长的段。

2. 净锅里放入混合油，烧至三成热时投入姜末、蒜末和鲜小米椒粒炒香出色，倒入鲜汤后改中火熬出味，再下入红薯粉条和黄豆芽煮熟，捞出来放在大碗里垫底，随后撒上香菜末。（图 1）

3. 往汤汁里调入盐、料酒、鸡精、味精和蒸鱼豉油烧沸，下入鸭肠段和青红椒圈煮熟入味，出锅装入大碗里，撒些花椒面即可上桌。（图 2）

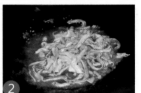

27 水煮嫩鹅脯

原料 / 调料

鹅脯	240克
芹菜段	100克
蒜苗段	100克
青笋尖	100克
刀口辣椒	适量
花椒面	适量
豆瓣酱	适量
姜末	适量
蒜末	适量
盐	适量
料酒	适量
酱油	适量
白糖	适量
味精	适量
鲜汤	适量
生粉	适量
花椒油	适量
香油	适量
色拉油	适量
香菜段	少许

制作方法

1. 把鹅脯切片放入碗中，加盐、料酒、生粉码味上浆。

2. 净锅倒入色拉油加热，放入码好味的鹅脯滑油并倒出来沥油待用；把芹菜段、蒜苗段和青笋尖放入锅中炝炒，至断生时便起锅盛入窝盘里垫底。

3. 净锅里放色拉油，先下姜末、蒜末、豆瓣酱炒香，倒入适量鲜汤，再加盐、酱油、白糖和味精调味。等放入鹅脯片稍煮后，淋香油和花椒油，起锅装入垫有芹菜段、蒜苗段和青笋尖的窝盘内。

4. 往鹅脯片上撒入花椒面、刀口辣椒和蒜末，淋热油激香并点缀香菜段即成。

28 花椒鱼

这道花椒鱼口感非同寻常，因为在制作时用了自制的椒麻糊。

原料 / 调料

草鱼	1条（约1500克）
青笋	240克
葱花	80克
干青花椒	30克
自制椒麻糊	100克
泡姜末	适量
野山椒碎	适量
盐	适量
味精	适量
鸡精	适量
花椒油	适量
料酒	适量
湿生粉	适量
化猪油	适量
色拉油	适量

制作方法

1. 把草鱼宰杀洗净，把带皮鱼肉片成大片，鱼头、鱼尾和鱼骨剁成块，分别放入盆中，加盐、料酒和湿生粉，码味上浆待用；把青笋片成长薄片，然后放窝盘里垫底。

2. 净锅里放入少量化猪油烧热，下入泡姜末和野山椒碎炒香，再倒入清水烧开后，下鱼头、鱼尾及鱼骨块煮熟，捞出来放青笋片上面。另外往锅里汤汁中加入盐、味精、鸡精、花椒油和自制椒麻糊，抖散鱼片下入锅中，小火煮熟后，连汤一起倒在鱼骨上。撒些葱花和干青花椒，淋烧热的色拉油激香即成。

烹调提示：自制椒麻糊的做法是取葱叶、干青花椒、青尖椒和适量色拉油，放搅拌机里打成糊以后，盛出来加藤椒油调匀而成。椒麻糊以现用现制为宜。

29 另类炝锅鱼

传统的炝锅鱼是把整鱼剞刀后，先在热油锅里炸酥，再加豆瓣酱下锅烧成家常味，等到锅里收浓汤汁后，放刀口辣椒使其粘附于鱼身表面而成。可这道炝锅鱼的做法却有些不同，它在麻辣料煮鱼的基础上，不仅借鉴了沸腾鱼最后炝煳辣油的手法，还借鉴了冷锅鱼蘸原汤味碟的吃法，味道为清油火锅味。

原料 / 调料

花鲢鱼	1 条
泡辣椒末	50 克
泡姜末	25 克
蒜末	25 克
泡酸菜片	100 克
火锅底料	30 克
干辣椒段	适量
花椒	适量
芝麻	适量
葱段	适量
姜葱汁	适量
盐	适量
料酒	适量
鲜汤	适量
干生粉	适量
糍粑辣椒红油	适量
火锅油	适量
色拉油	适量

制作方法

1. 把花鲢鱼宰杀洗净，取两扇净鱼肉斜刀片成薄片，另把鱼骨和鱼头斩成块，然后分别用盐、料酒、姜葱汁和干生粉码味上浆。

2. 锅里放火锅油烧热，下入泡辣椒末、泡姜末、蒜末、泡酸菜片和芝麻炒香出色后倒入鲜汤，并下入糍粑辣椒红油，再把火锅底料也加进去。转小火并把鱼骨和鱼头下锅煮熟，等到下鱼片滑熟后，即可出锅盛入火锅盆内。

3. 净锅放入火锅油和色拉油烧热，下入葱段、芝麻、干辣椒段和花椒炝出香味，起锅后倒在盆中鱼身上即成。

烹调提示：糍粑辣椒红油做法是把干辣椒段放沸水盆里泡涨后，捞出来剁细，再下入热油锅里炼制而成。

30 豉椒蒸黄沙

原料 / 调料

黄沙鱼	1条(约750克)
新津黄豆豉	100克
青红二荆条辣椒粒	80克
猪五花肉粒	150克
美极鲜	适量
一品鲜酱油	适量
盐	适量
味精	适量
鸡精	适量
化猪油	适量
色拉油	适量

制作方法

1. 把黄沙鱼宰杀洗净后,从腹部入刀剖成相连的两半,然后再铺放鱼盘内待用。

2. 炒锅内放入化猪油烧热,把猪五花肉粒下锅炒至干香后,下入新津黄豆豉继续炒,边炒边调入盐、味精、鸡精、美极鲜和一品鲜酱油,炒匀便得到黄豆豉味料。

3. 往黄沙鱼身上浇一半的黄豆豉味料,入笼蒸8分钟取出。另锅放色拉油烧热,先下青红二荆条辣椒粒炒香,再放入剩余的黄豆豉味料炒匀,起锅浇在鱼身上即成。

传统藿香鱼，通常都是加泡椒、豆瓣酱等调料烧制而成的红色菜肴，藿香有时是在制作过程中加入，有时是最后撒在菜肴上面。总之，菜肴的味道是偏厚重的，和藿香味道"并驾齐驱"。

这道藿香鱼的做法有很大改变，首先是形态的改变，是把鱼肉片成片后做成的汤菜；其次是调味的改变，是本着突出藿香的味道而做成清淡味的。此菜还有一个亮点在于，清淡的汤可以直接喝，若是泡饭吃，味道更佳。

31 藿香鱼

原料 / 调料

花鲢鱼	1500 克
藿香	30 克
姜片	适量
蒜片	适量
花椒粒	适量
干辣椒段	适量
花椒面	适量
盐	适量
味精	适量
鸡精	适量
骨头汤	适量
生粉	适量
菜籽油	适量
化猪油	适量
藤椒油	少许

制作方法

1. 先把花鲢鱼宰杀洗净，剔下鱼肉后片成片，鱼骨则剁成块，一起装入盆中，加盐、味精、鸡精、花椒面和生粉码味待用。(图1)

2. 锅内加入色拉油烧热，下入姜片、蒜片、花椒粒和干辣椒段炒香，再倒入骨头汤烧开，把鱼肉和鱼骨抖散放进去，盖上锅盖煮至鱼肉熟透后，起锅连汤倒入盛器内。(图2、图3)

3. 净锅按 1：1 的比例放入菜籽油和化猪油烧热，起锅浇在盛器内的食材上并淋入少许藤椒油，最后撒入一把藿香即可上桌。

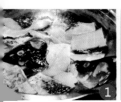

32 孜香豆粒鱼

原料 / 调料

草鱼	1 条
土豆丁	200 克
青红椒段	50 克
红汤	1500 毫升
姜片	适量
葱段	适量
葱花	适量
香辣酱	适量
盐	适量
料酒	适量
胡椒粉	适量
孜然粉	适量
味精	适量
菜油	适量

制作方法

1. 把草鱼宰杀洗净，在鱼身两侧剞花刀后放入盆中，加入姜片、葱段、盐、料酒和胡椒粉腌渍入味后，再下油锅炸酥，捞出放红汤锅里煨熟后，捞出装盘。

2. 净锅里放入菜油烧热，下入土豆丁炸至酥香时，倒出来沥油待用。

3. 锅留底油，下入青红椒段、土豆丁稍炒以后，加香辣酱、盐、孜然粉和味精炒香，起锅浇在鱼身上，撒上葱花即成。

烹调提示：红汤的做法是将锅里放油烧热，下入豆瓣酱、泡椒段、泡姜片炒香后，倒入鲜汤，煮出香味后滤去料渣即可。

33 豉椒胭脂鱼

此菜的制作，关键在于对豉椒料的炒制。

原料 / 调料

胭脂鱼	1 条
姜末	15 克
蒜末	15 克
小米椒圈	20 克
猪肉末	30 克
芽菜末	20 克
豆豉	50 克
青红辣椒圈	30 克
盐	适量
料酒	适量
胡椒粉	适量
味精	适量
生抽	适量
色拉油	适量
葱花	适量

制作方法

1. 把胭脂鱼宰杀洗净，在鱼身两侧斜剞数刀后，抹少许的盐、料酒和胡椒粉码味，然后立着放在长条盘里入笼蒸制。（图 1）

2. 在蒸鱼的同时，取净锅放色拉油烧热，先下入姜末、蒜末、小米椒圈、猪肉末和芽菜末炒香，再倒入豆豉继续炒，边炒边下青红辣椒圈，并加盐、生抽和味精调味。炒至锅里豉椒味浓时，撒入葱花制成豉椒料。（图 2 ~ 4）

3. 待胭脂鱼蒸熟后，取出来滗去盘里的汁水，然后浇上豉椒料即可上桌。（图 5）

᠍᠍**34** 酸萝卜水饺鱼

这是在酸菜鱼的制法基础上改良而来，一是改泡酸菜为酸萝卜；二是加入了水饺同煮，可谓菜点合璧。

🥘 原料/调料

草鱼	1条（约750克）
猪肉芹菜馅水饺	12个
酸萝卜片	200克
泡姜片	50克
鸡蛋清	适量
泡椒段	适量
蒜片	适量
野山椒末	适量
葱花	适量
白胡椒粉	适量
盐	适量
料酒	适量
鸡粉	适量
味精	适量
白醋	适量
湿生粉	适量
鲜汤	适量
化猪油	适量

🍲 制作方法

1. 把草鱼宰杀洗净，取下两扇带皮的鱼肉片成片。把鱼头对剖开，鱼骨则剁成块。

2. 炒锅里放入适量的化猪油烧热，下入鱼头和鱼骨块稍煎便起锅。往锅里倒入酸萝卜片、泡姜片、泡椒段、蒜片和野山椒末炒香，放入煎好的鱼头和鱼骨块。倒入鲜汤大火烧开后，下入水饺并改小火，煮至水饺熟透后将锅里的所有原料捞入窝盘垫底。

3. 把鱼片放入碗中，加入料酒、盐、鸡蛋清和湿生粉抓匀上浆后，下锅中原汤里浸煮至熟，捞出来盖在盘中水饺上面。

4. 往锅中原汤里依次加入盐、白胡椒粉、鸡粉、味精和白醋，调好味便起锅盛入窝盘里，撒上葱花即成。

35 峨眉鳝丝

峨眉鳝丝可以说是峨眉山一带最有名的江湖菜之一。虽然此菜的做法不复杂，但是增香添鲜的调辅料却用得特别多，烹制的过程中先后用到了椿芽、藿香、香葱、酸菜等。成菜色泽红亮、香味独特，鳝丝入口柔滑细嫩。

原料 / 调料

原料	用量
熟鳝鱼丝	300 克
青笋尖碎	200 克
刀口辣椒	50 克
酸菜碎	40 克
椿芽碎	50 克
香菜碎	50 克
藿香碎	50 克
姜末	适量
蒜末	适量
豆瓣酱	适量
盐	适量
胡椒粉	适量
味精	适量
鸡精	适量
湿生粉	适量
猪板油渣	适量
香料油	适量
化猪油	适量
化鸡油	适量
鲜汤	适量

制作方法

1. 往锅里放入化猪油和化鸡油烧热，下入酸菜碎、姜末、蒜末和豆瓣酱炒香出色。（图1）

2. 往锅里倒入鲜汤烧开后，再放入熟鳝鱼丝和青笋尖碎稍煮，其间放盐、味精、鸡精和胡椒粉调味，等用湿生粉勾薄芡后，出锅盛钵内待用。

3. 把刀口辣椒撒在鳝鱼丝的表面，放上猪板油渣并淋入烧热的香料油以后，撒入大量的椿芽碎、香菜碎和藿香碎即成。（图2、图3）

烹调提示：香料油做法见120页。

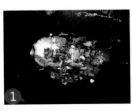

36 鲜椒乌鱼片

此菜突出的是鲜辣风味，同时还辅以韭菜以增加清香味。

原料/调料

上好浆的乌鱼片	300克
土豆粉条	80克
韭菜段	适量
姜末	适量
蒜末	适量
小米椒粒	适量
盐	适量
味精	适量
鲜汤	适量
化鸡油	适量
色拉油	适量

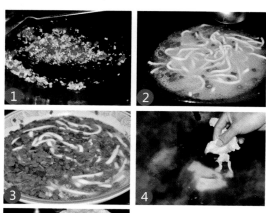

制作方法

1. 净锅放入鸡油和色拉油烧热，下入姜末、蒜末和小米椒粒炒香，倒入适量的鲜汤后，加盐、味精烧开。倒入土豆粉条煮熟后，起锅盛入垫有韭菜段的窝盘内。（图1～3）

2. 净锅上火，倒入清水烧开后，下入上好浆的乌鱼片煮熟，捞出来盛入土豆粉条碗里即成。（图4、图5）

37 番茄燕麦虾

 原料 / 调料

鲜虾仁	50 克
泡好的燕麦	80 克
罐装红腰豆	50 克
番茄粒	80 克
熟南瓜	50 克
盐	适量
味精	适量
鸡精	适量
白糖	适量
湿生粉	适量
高汤	适量
化鸡油	适量

制作方法

1. 把鲜虾仁、泡好的燕麦和红腰豆放沸水锅里汆一下后，捞出来沥水待用。

2. 锅里放化鸡油烧热，下入番茄粒和熟南瓜，在用炒勺压碎并炒香出色后，倒入高汤烧沸，再下入鲜虾仁、燕麦和红腰豆，加盐、味精、鸡精和白糖调味。用湿生粉勾二流芡后，出锅装入玻璃器皿内即成。

3B 烧椒煮蛙腿

　　此菜把以往用于凉菜制作的烧椒和用于做烧烩河鲜的藿香都用到烹制美蛙上面，故成菜的味道别具一格。

原料 / 调料

美蛙腿	500 克
口蘑片	100 克
青二荆条辣椒	100 克
藿香末	30 克
姜片	适量
蒜片	适量
青花椒	适量
小米椒粒	适量
料酒	适量
美极鲜	适量
生抽	适量
鲜汤	适量
化猪油	适量
菜油	适量

制作方法

1. 把青二荆条辣椒放在炭火上，烧成外皮呈虎皮状后用刀剁成末，制成烧椒末待用。

2. 锅里放入化猪油和菜油烧热，下入姜片、蒜片、青花椒、烧椒末和小米椒粒炒香，待烹入料酒并倒入鲜汤烧沸后，调入美极鲜和生抽，再把美蛙腿和口蘑片下锅烧熟。出锅倒入烧热的煲仔内，撒些藿香末即可上桌。

39 砂煲鱼头

把原本是蒸制成菜的剁椒鱼头，改用砂煲焗制的方式成菜，而且砂煲底部还垫上了红薯片。做法独特，味道浓郁。

原料 / 调料

花鲢鱼头	1 个
姜片	适量
大蒜瓣	适量
剁椒	适量
甜椒块	适量
小米椒粒	适量
鸡精	适量
味精	适量
化猪油	适量
红薯片	适量

制作方法

1. 把较厚的红薯片放砂煲里垫底。（图1）

2. 把已经砍成中间相连的花鲢鱼头摆在红薯块上面，再加入用姜片、大蒜瓣、剁椒、甜椒块、小米椒粒、鸡精、味精和化猪油拌匀的味料，加盖上火焗20分钟即成。（图2、图3）

第三章 │ 独特的四川小吃

川

咂摸川味小吃

　　一些外地朋友，每当看到成都肥肠粉、军屯锅魁、蛋烘糕、豆花面等小吃的图片，就恨不得马上买张机票飞到成都一吃为快。没时间或图省事的人，如果只想到此一吃，可去锦里、宽窄巷子这类小吃集中地，或者是龙抄手、钟水饺这类国营老字号。小名堂、皇城坝小吃、流水席、天府掌柜之类的小吃店，里面有些品种也不错，游客不妨一试。

　　不得不说，不少外地人真是为了一个"吃"字而到成都的，除了川菜和火锅之外，他们更在意的是那些散布在街头巷尾的小吃。肥肠粉、串串香、冒菜、兔头、川味卤菜等，被认为是到成都必吃的品种。借由互联网的帮忙，他们大都不会去游客如织的小吃城，而是去寻觅那些连本地人都不一定能找到的小吃摊，比如工人村的陆记蛋烘糕、金丝街某小区门卫室的邱二哥锅魁、黄田坝经二路菜市场门口的糖油果子、吉祥街纯阳馆的鱼香排骨面、82号信箱的私房钟水饺、西二道街的无名冒菜……都是让他们为之"吃"狂的源泉。

　　小吃跟当地的地理气候、物料出产、饮食风俗等息息相关，一旦离开原产地，便会产生"南橘北枳"的心理反差。相对于宴席大菜而言，小吃在餐饮行业交流频繁、高度融合的浪潮中更容易保持自己的个性，较难被同化。从这方面来说，小吃才真正算得上是一座城市的美食标志和符号，尤其是在小吃品种众多的成都。

现在物流高度发达，宅在家里就能将成都小吃收入囊中，不过，有些东西却是无法快递的，比如锅盔店里擀面棍敲打案板的"梆、梆、梆"声，肥肠粉店现场出粉的"啪、啪、啪"声，三大炮摊档糍粑团撞击铜碟的"当、当、当"声……必须身临其境，以视觉、味觉、嗅觉进行全方位感受，才能真正领略其魅力。

"你对成都小吃最深的印象是什么？"有人通过微信朋友圈做了一个调查。

一位广东朋友说：收不了手，停不了口，赘肉一身也无悔。她想表明的是：成都小吃的魅力太大，连减肥这种女生的头等大事都可以置之度外。

一位东北朋友说：酸甜苦辣咸，眼花缭乱馋。她想说明的是：成都小吃味型多变、品种丰富。

一位辽宁朋友说：有名的都难吃，好吃的都难找。他想表达的是：真正好的成都小吃，隐藏于小街小巷。

一位河南朋友说：成都是吃货穷游世界、品尝美食的天堂。她想表达的是：成都小吃，好吃不贵。

小吃，川菜王国大明星

　　一百个人心中有一百个哈姆雷特，不同的人对"成都小吃"的理解也不一样。多数外地游客认为，在成都市区能吃到的小吃就是"成都小吃"，他们在意的是吃，一般不会关心小吃的来历；对一些在外地开店的老板来说，"成都小吃"其实就是川味小吃大全，他们在意的是售，像龙抄手、钟水饺、川北凉粉、宜宾燃面、乐山钵钵鸡统统都列入他们的菜单。

细究各种成都小吃的渊源，其实大部分背后隐藏的都是类似的故事。

作为四川的省会城市，成都的流动人口众多，发展空间也更大，因此不管是过去还是现在，都吸引了大量川内各市县的人来到这里。这其中的一部分人选择售卖成本低、不需铺面的小吃谋生，经过时间的沉淀，其中一些慢慢就从街边小食成了名小吃。赖汤圆的创始人赖元鑫原是四川资阳东峰镇人，1894 年来到成都，先在饮食店当学徒，后因得罪老板被辞退。生活无着落之下，向堂兄借了几块大洋，开始沿街挑担叫卖汤圆。当时成都卖汤圆的小贩不少，但只有他做的汤圆煮熟后不烂皮、不露馅、不浑汤，吃时不粘筷、不黏牙、不腻口，慢慢就有了名气。20 世纪 30 年代，他在总府街口买了间铺面，坐店经营，正式取名赖汤圆。担担面也缘起于一些外地人在成都挑担卖面（其中最有名的要数自贡人陈包包），后逐渐形成了固定做法，也因此得名，最终成为一道名小吃。而闻名四川内外的龙抄手，创始于 20 世纪 40 年代，为当时春熙路"浓花茶社"的几个伙计合资所开，店名取"浓"之谐音，同时也有"龙凤呈祥"之意……

小吃，是相对于宴席大菜而言，一个居店堂之高，一个处江湖之远。据《四川烹饪》前总编辑王旭东回忆，"小吃"的概念，最开始出现在四川民间，由川菜饮食行业最早提出。过去，成都饮食业有严格的界线，不能越雷池半步，南馆（行业用语，又称"南堂"）主要制作宴席大菜，四六分馆子（行业用语，旧时四川一般饭馆的别称）只卖一般的炒菜，不能接宴席，最多随配合菜（行业用语，不同于宴席的普通配菜），小吃，则指街头小店或流动摊贩售卖的登不了大雅之堂的一类食品。相对标准化程度更高、品类较少的西餐而言，中餐的魅力就在于其"模糊性"，这点在川菜里表现最

为明显，包括菜点的分类、菜肴的制作过程等方面。过去，除了赖汤圆、钟水饺这类米面制品之外，麻婆豆腐、夫妻肺片、粉蒸牛肉之类也属小吃范畴。发展至今，小吃成了现代川菜宴席的组成部分，成为凉菜、热菜的补充。前些年，还出现了以小吃为主、菜品为辅的小吃宴席。

川味小吃的兴起，是与川菜同步的。现代川菜经过三次大融合而崛起，而川味小吃也是在融汇南

北的基础上形成，但在结合了四川丰富的物产和饮食风俗后又自成一派，比如钟水饺和北方水饺就有极大的区别，第一，只用猪肉馅，不加蔬菜；第二，以复制酱油调味，香辣微甜、蒜味浓郁，是典型的蒜泥味。改革开放以后，川内各地的小吃纷纷到成都落户生根，比如彭州的军屯锅魁、双流的肥肠粉、崇州的荞面、乐山的钵钵鸡、宜宾的猪蹄面、内江的牛肉面、资中的兔儿面以及武胜的猪肝面等。因此，现在成都小吃已经演变成了一种美食符号，外延和内涵都相当丰富，已不仅仅局限于地域范围。

准确地说，狭义的成都小吃，主要是指米面、杂粮类制品。米类小吃有三大炮、蒸蒸糕、珍珠圆子、糖油果子、猪油发糕、叶儿粑、赖汤圆、郭汤圆、醪糟粉子等；面粉类小吃有大刀金丝面、蛋烘糕、甜水面、玻璃烧卖、宋嫂面、牌坊面、窝丝油花、破酥包子、波丝油糕、钟水饺、龙抄手、韩包子、牛肉焦饼、锅魁等；杂粮类制品则有谭豆花、洞子口张凉粉、肥肠粉、火锅粉等。广义的成都小吃，则包含耗子洞张鸭子、治德号粉蒸牛肉、软烧鸭子、红油兔丁、老妈蹄花、冒菜、串串香、卤兔头等众多品类。

以前坊间记录的，大都是馆派的菜谱，而小吃的制作多数是通过小商小贩的口耳相传，少有文字记述，市井草根性，就是成都小吃最大的特点。他们制售方式灵活多变，或推车摆摊、或挑担提篮，因为经营成本低，所以生命力极强。即便现在，糖油果子、蛋烘糕、热糍粑等小吃，仍然延续了流动摊点售卖的形式。身上揣一百元钱，就能吃一二十种这样的小吃。

在喜好美食者当中流传这么一个说法：一提到成都小吃，只想到龙抄手、赖汤圆、三大炮的，是看过成都形象宣传片的外地人；迅速说出哪里有最好吃的糖油果子和蛋烘糕的，是怀揣着儿时美食情怀的成都人；而能够讲出郭汤圆与赖汤圆之区别，说出水晶凉卷、窝丝油花、菊花酥、龙眼冻等传统品种的，才是对成都小吃了如指掌的行家。

成都小吃之所以能够迷倒众生，除了品种极其丰富之外，最大的特点还是拥有和川菜一样层出不穷的口味，常见的就有红油、怪味、家常、麻辣、咸鲜、五香、糖醋、蒜泥、香甜、咸甜、椒盐等十余种，从某种程度上说，成都小吃也是以味取胜。

肥肠粉配锅魁

　　四川锅魁的品种比较丰富，有白面、混糖、椒盐、红糖、酥皮等几种。混糖锅魁和红糖锅魁皆为甜味，宜单食；白面锅魁常常是夹料而食，常见的料有三丝、凉粉、卤肉、牛肉。如川北的锅魁，刚烤出来时胀鼓鼓的，沿侧面用小刀剖开后，其形状有如张开的蚌壳，可以填充较多的料，最经典的一种是夹川北凉粉；而乐山的粉蒸牛肉锅魁，则是在白面锅魁里夹粉蒸牛肉。此外，白面锅魁还是吃羊肉汤的伴侣之一，这和陕西的羊肉泡馍有异曲同工之妙。而酥皮锅魁，以彭州军乐镇所产最为有名，俗称军屯锅魁，此锅魁酥香硬脆，被认为是肥肠粉的最佳拍档。

·肥肠粉的馆子锅魁的摊·

肥肠粉，算得上是成都小吃当中的明星品种，两种主料可谓珠联璧合——单吃红薯粉条，过于寡淡；单吃肥肠，过于油腻，两者结合却能取长补短。肥肠的韧、粉条的滑、豆芽的脆，再加上红油的辣、花椒的麻、猪油的香、浓汤的鲜、芽菜的香、蒜泥的辛、陈醋的酸，一碗简单的肥肠粉也能让人感受层次分明的滋味。肥肠粉再加上锅魁，则是成都小吃的超级组合。

卖肥肠粉的馆子里面，十之八九都有一个锅魁摊子。这两样小吃大多不是由一个老板在经营，而是各做各的生意，租金分摊、自负盈亏。这种现象在国内饮食业不多见。肥肠粉软韧、味重有汤汁，锅魁酥脆、焦香有嚼劲，吃一口肥肠粉、咬一口锅魁，那滋味简直就是死鱼的尾巴——不摆了（地方方言，好的没话说）。常言说：卖石灰的见不得卖面粉的，但这两样小吃为什么就能和谐共处呢？第一，因为术业有专攻，各有各的强项，强强联合可以起到一加一大于二的效果；第二，可以降低房租成本，分摊经营风险。

制作锅魁，四川话称作"打锅魁"，师傅在擀面皮时，会边擀边用小擀面杖去敲击案板，制造出"梆、梆、梆"的声响来招徕顾客，所以有人说锅魁和三大炮一样，是集视觉、味觉、听觉于一体的小吃，只不过现在的多数锅魁摊，都省略了"打"这一过程，其情趣自然也就减了几分。肥肠粉有红味和白味之分，锅魁种类更多，而和肥肠粉最搭的，只有酥皮锅魁。

双流堪称成都的"肥肠胜地"，肥肠粉的发源地就在双流白家，该县还有让人称绝的蘸水肥肠。在成都市区，卖肥肠粉的小店随处可见，但经常被喜好美食的人念叨的，却只有青石桥肥肠粉、甘记肥肠粉等为数不多的几家。为什么总有几家能在众多同行中突出重围，拥有更大的名气和更高的人气呢？原因不外乎两点：真材实料、注重细节。

"我从桌边走过，看一看汤汁的色泽、闻一闻飘出来的热气，就知道这碗肥肠粉是咸了还是淡了。"成都甘记肥肠粉的女主人张二孃自信地说。"难道你在味觉方面拥有过人的天赋？""哪有什么天赋，我卖了二十多年肥肠粉，习惯罢了。"

　　张二孃创始的甘记肥肠粉已开了26年，因此她有了这看一看、闻一闻便知是否缺盐少味的过人本领。张二孃说："做小吃并没有所谓的绝招，因为长年累月地做同一件事，自然熟能生巧。"话虽如此，但说起制作肥肠粉的过程，她却眉飞色舞、滔滔不绝。

　　要做一碗好吃的肥肠粉，首先是将肥肠煮好。肥肠的处理至关重要，新鲜的肥肠买回来，先加盐和白醋搓洗，再反复冲净，大肠内壁的大部分肠油都要撕去，只保留少许（否则缺少油气）。洗净的肥肠投入加有姜、葱和料酒的清水锅，烧开后煮一会儿，捞出来冲洗一遍，再放入锅里，加姜、葱和猪棒骨，大火熬煮使汤汁雪白浓稠。煮肥肠的火候很关键，太硬嚼不动，太软口感又不好。因此在筷子能轻松插进肥肠时，

就说明煮好了，需及时捞出来，等晾冷后切成小块待用。其次是要用现出的水粉，和普通的干红薯粉条相比，水粉的口感更滑爽入味。

出粉的过程并不复杂，只有打熟芡、和粉团、打粉三个步骤，也没有什么绝密的配方比例，靠的是经验和感觉。然而，在这些模糊当中也有规矩可循，川菜和小吃的绝妙之处就在于此。

第一步，打熟芡。把红薯淀粉放盆里，加入清水调成浆（图1）。红薯淀粉跟豌豆淀粉、土豆淀粉不同，色泽偏灰，且容易结许多小疙瘩，一定要充分搅拌，使其完全溶解。把开水倒入大盆，一个人把淀粉浆呈线状缓缓地倒进去，另外一个人用工具不停地搅拌（图2）。倒浆时不能着急，淀粉浆呈线状跟开水接触，才能够充分糊化，不会产生夹生的小疙瘩。

第二步，和粉团。分次把干红薯淀粉加入装糊的盆里，边加边用手调匀，感觉软硬合适时，停止加粉，然后双手在盆里反复搓揉约15分钟（图3、图4）。和粉团是个力气活，要像练太极一样，左右手将粉团朝相反的方向搓揉，直到灰暗的淀粉变成有光泽度的粉团。甘记肥肠粉店始终坚持用手调和，这样能感觉到粉团里面是否有小疙瘩。当抓起一团粉，其能呈线状往下掉且不断时，说明粉团和好了。

第三步，打粉。这个步骤最能体现出成都小吃的市井气质。敞口大铁锅里加入大量清水后，大火烧开转中火，保持微沸状态。把调匀的粉团放进一个带眼的铜瓢，用手先拍几下，检查流出来的粉条是否合格。随后迅速转身到灶前，一只脚踩在凳子上，另一只脚踏在灶台上，一只手高举铜瓢，另一只手手掌伸平，用掌心有节奏地拍打粉团，使其透过铜瓢眼呈线状流入开水锅（图5）。出粉必须三人紧密配合，一人站在灶台上面打粉，瓢里的粉团快流完时，第二个人必须迅速补充，第三个人则手持长竹筷，及时把锅里煮熟的粉条捞入盛有清水的桶里过凉（图6）。打粉动作

必须敏捷麻利，一气呵成，一边拍打一边有节奏地左右移动铜瓢，才能保证粉条不会垂直落入开水锅，也不会粘连在一起（图7）。另外，可通过拍打的节奏快慢，控制粉条下流的速度，也可通过调节铜瓢的高度，控制粉条的粗细。

出粉的整个过程有一定的技术含量，但熟能生巧后，更多的还是靠体力，夏天站在灶台前打粉，非常考验操作者的毅力。不过，因为打粉有活广告的作用，所以不少店家仍坚持现场手工打制粉条。

准备好肥肠和水粉之后，有人点食，再现场冒粉。"冒"，是四川特有的一种技法，是指把原料在滚汤里一进一出地反复烫煮。为什么不一直浸在汤里煮，要反复提起来呢？这并非多此一举，"冒"能加热，亦可入味，让汤汁的味道进到原料内部。如果一直在滚汤里浸煮，部分原料的口感会由脆变软，而像红薯粉条这种吸水性强的原料，会因吸入大量水而口感变差。

专业的肥肠粉店都有两口锅，一口是敞口大铁锅，用来出粉；另一口是厚实的鼎锅，既煮肥肠，还可冒粉。冒粉用的是敞口尖底的锥形竹篓，先抓点切好的肥肠块放进去，再抓一大把水粉放在中部，上面放一小把豆芽。把竹篓浸入滚沸的鼎锅，停两三秒

再提起来，反复数次，让滚汤将竹篓中的食材烫热。在提起竹篓时，可顺便把部分带起来的汤汁淋进碗里（上页图8），最后把竹篓里所有的东西倒进碗里，撒点预先备好的芹菜粒便可上桌。决定一碗肥肠粉是否好吃，关键就在于那一锅冒粉的汤。一些肥肠粉店没有专门煮肥肠的锅，只能在普通汤锅里冒粉，而专业的肥肠店，熬汤的鼎锅基本不熄火，一批肥肠煮好了捞起来，又会新放一批进去，只有一直煮有肥肠和猪棒骨的汤，才能保持足够的鲜味和肥肠特有的香味，也只有在这里面冒粉，才能保证足够浓郁的鲜美底味。

　　调料都是事先加到碗里备好的，加料时，熟练的人左手可同时拿三五个碗，右手的小勺子犹如小鸡啄米般，在调料碗之间挥动，整套动作行云流水般让人眼花缭乱。生意好的店，数十个交错重叠的料碗摆在灶前，场面很是壮观。红油味的肥肠粉香辣微麻，鲜香浓郁，用的调料有红油、猪油、酱油、醋、花椒面、胡椒粉、蒜泥、芽菜等。

四川人吃肥肠粉，除了喜欢配一个酥皮锅魁之外，一般还喜欢加"结子"。肥肠粉用的是猪大肠，而单独加的结子则是猪小肠。把猪小肠搓洗干净，肠内的油脂无须去除，在水中余一下后放进煮肥肠的鼎锅，煮至软熟时捞出来，稍微晾一下，就像打绳结一样将其打成一个个相连的结子。有人点食，使用剪刀剪下来，放汤里烫热，再加到肥肠粉里面即可。有意思的是，点单时大声让老板额外加两个结子，总有种阔绰的感觉。

· 打一个焦香的酥皮锅魁 ·

　　江湖戏言：汉堡是洋锅魁，锅魁是中国式汉堡。"魁"字在词典里的解释是：为首、高大。跟糖油果子、三大炮、叶儿粑、汤圆等四川小吃相比，锅魁的个头确实称得上是魁首。四川锅魁跟北方锅魁的做法不同，品种变化也更多。按做法来分，有白面锅魁、混糖锅魁、酥皮锅魁等；按口味来分，则有红糖锅魁、椒盐锅魁、鲜肉锅魁、葱油锅魁、牛肉锅魁等。在众多品种当中，又以军屯酥皮锅魁稳居"魁首"。

肥肠粉的发源地在双流白家，而酥皮锅魁的原产地是彭州军乐镇。军乐镇原名军屯镇，因跟成都市新都区的军屯镇重名，20世纪90年代初地名普查时，更名为军乐镇。彭州军屯的得名，相传跟三国时诸葛亮命大将姜维率部于该处休养屯垦、牧马练兵有关，而锅魁据说也是从当年军中干粮逐渐演变而来的。彭州当地有不少人都会做锅魁，而成都市区做酥皮锅魁的也大都来自彭州。跟甘记肥肠粉搭档的锅魁师傅吴小林就来自彭州军乐，他已经打了二十多年锅魁。相比肥肠粉来说，酥皮锅魁的制作难度更大，一般都是两人配合，一个人做，一个人煎烤兼售卖。合格的酥皮锅魁，应外表酥脆，而内里松软。吴师傅说，酥皮锅魁有椒盐鲜肉和麻辣牛肉两种馅心，做法也有两种，有的用油酥面团起酥，有的是直接用剁碎的猪板油起酥，两者各有特点。

打锅魁所需器具不多，一张案板，一个炉子足矣，因此它一般只在肥肠粉馆子里占一个小角落，店家招牌上也不会出现。但有个别做出名气的，却把锅魁作为招牌，肥肠粉反而成了配角，比如在成都小有名气的"王记特色锅魁"。

要做好酥皮锅魁，第一步得和好面团。把中筋面粉放盆里，先缓缓加入适量热水，将面粉搅拌成雪花状，再加少许热水和菜油，反复揉成软硬适中的面团。取一块面团放在案板上，用手掌压平后，还需加入约十分之一的老面，同时撒少许食用碱以中和酸味。面团需反复揉制，使其更有筋力。在揉制过程中，还需用刀把面团划开，抹一些菜油后再继续揉，使其显得油润。（图1）

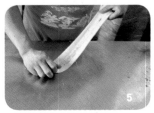

第二步是擀面，把揉好的面团搓成长条，揪成每个重约100克的剂子，再用擀面杖将其擀成长而薄的"牛舌片"。抹上一层猪板油泥后，卷成卷，压成饼状再擀成长薄片。四川人之所以把做锅魁称为"打"锅魁，关键就在于一定要发出声响，以此制造气氛来招徕客人。所以擀面时，左手捏住面剂，右手执擀面杖，一边擀，一边急促地在案板上敲打，随后捏着擀薄的面片在擀面杖上快速绕一圈，向内一翻，"砰"的一声摔在案板上，整个动作需一气呵成。（上页图2~5）

第三步是加馅。鲜肉馅是将五花肉绞成泥，加盐、味精、鸡精和花椒面和匀而成的；牛肉馅是把精牛肉剁碎，加豆瓣酱、姜末、花椒面等调成的。把馅心抹在面片上，卷成卷，稍压再擀成较厚的圆饼状，表面可粘上黑芝麻或白芝麻，以区分不同的馅心。（图6）

第四步是煎制。在平锅上倒少许菜油烧热，把擀好的锅魁放上去，煎烙至两面呈金黄色。（图7、图8）

第五步是烤制。把煎好的锅魁斜着放在平锅下面的炉膛里烤制，其间要多次翻面，以防烤煳。这样能把锅魁里多余的油脂逼出来，让口感变得更酥脆。（图9）

打锅魁带有极强的表演性，吸引客人有三招，一是声，擀面时用擀面杖敲打案板，发出梆梆梆的声音；二是形，擀面片时那一连串花哨的动作让人眼花缭乱；三是香，在煎烤锅魁时，飘散在空气中的浓郁香味往往能吸引路人驻足购买。

麻辣串与冒菜

· 麻辣串：草根饮食花样百变 ·

麻辣串，一个原本不起眼的小吃品种，在成都餐饮市场上的表现却极为抢眼。麻辣串，又名串串、串串香、麻辣烫等。据说是由火锅发展而来。串串早期被叫作"麻辣串"，1993年出版的《成都小吃》一书对"麻辣串"的解释是："麻辣串分冷热两种，冷者为制作者将原料白卤上味改刀穿成串冷却后出售，热煮即将原料改刀穿串供食者自行烫食。以上两种麻辣串各有风味。成都人一度习惯将热吃称为麻辣烫，冷吃称为麻辣冷。"而更名为"串串"后，热吃又有热锅串串和冷锅串串之别。麻辣串在食用时，既可以蘸传统的火锅油碟，也可以蘸辣椒面混合花椒面、熟芝麻、盐、味精的干碟。它的风味介于火锅和冒菜之间，既不似火锅那般麻辣浓烈，也不像冒菜那般油腻味重，而是自成一派。

· 演变：街边小食华丽转身 ·

20 世纪八九十年代，手提串串风靡蓉城，尤其是影院门口，散布着许多手提串串的露天摊点。手提串串的得名，据说跟其料锅的样式有关。料锅一般为铝锅，两个锅耳被铁丝扎牢，作为提起来的把手。手提串串烫食的原料以素菜为主，干味碟里是辣椒面和花椒面，油碟则是熟菜籽油。此后，也有摊贩将手提串串架到自行车或三轮车上，在街头巷尾流动售卖。20 世纪末，成都有不少商家将街头巷尾的手提串串引入店堂，并结合火锅的特性，创制了"串串香"，根据烹制方式的不同，分为热锅串串和冷锅串串。这类小吃店一般以低廉的价格、丰富的菜品、独特的味道吸引顾客，也因其成本低、店铺可大可小、有广泛食客基础等，在蓉城迅速发展起来，遍布大街小巷，如今总数量多达数千家。一些大型的串串香企业甚至在省内外拥有大量的加盟店。

近年来，市场上也新出现了一些砂锅麻辣串店。跟大多数用不锈钢盛器来盛装汤料不同，砂锅麻辣串用的是一种特制的黑砂锅，这种砂锅的特点是直径宽、边沿厚实，用来涮烫食材既美观又实用，其风味介于重庆老火锅和新派火锅之间。而菜品盛装形式，除了用竹签穿串之外，有的还用小碟盛装。

· 制作：重在汤料麻辣鲜香 ·

麻辣串的食材丰富，种类繁多，常见的素菜有黄瓜、土豆、莴笋、南瓜、木耳、竹笋、冬瓜、金针菇、菜花、平菇、油豆皮、豆干等，荤菜则有鹌鹑蛋、火腿肠、掌中宝、鸭肠、鸭胗、凤爪、排骨、麻辣牛肉等。素菜要改刀成片或者小块，再用竹签穿起来；而多数荤菜则要先改刀成小块，再加入调料码味，最后才用竹签穿成串。

关于麻辣烫的制法，《成都小吃》一书中这样记载："其关键在于制作烫食用的汤料。将菜籽油倒入锅中烧热，炒辣豆瓣至油红后，加入姜块、蒜块、花椒面、豆豉蓉炒香，加醪糟汁、盐、鲜汤，用大火烧沸，再放入干辣椒段（可先用温油炒制）、八角、草果、桂皮、丁香等香料烧沸，即成汤料；所用原料荤素均可。将所需原料洗净，切成小块，用竹签穿成串即成。食用时，食者根据喜好自行选料并放入汤料中煮熟，取出后再放入用辣椒末、花椒面、盐、味精拌好的味碟中蘸食。"此后，成都餐饮市场上又渐次出现辣卤串串、牛油串串、油卤串串、干拌串串等不同风味和形式的串串。

· 冒菜：一个人的火锅也精彩 ·

冒菜是成都的一种特色美食，其制法和吃法与火锅有些相似。它通常是由食客挑选好要吃的食材，由店家装入竹篓里，再浸入麻辣味汤锅或白水锅里煮熟，捞出来倒入盆里，加入蒜泥、辣椒油、鸡精等调辅料，撒些香菜便可上桌。冒菜的原料不受限制，和串串有些相似，什么都可以下锅。食用时，直接夹取盆里的食材即可。冒菜，在成都餐饮市场上可谓是最接地气的草根饮食之一。由于可复制性强，又具有四川特色，经营者只需小投入便能获得回报，因此冒菜一跃成为继火锅、麻辣串之后最火爆的川味饮食产品，继而风靡全国。

· 冒菜的三种烹制形式 ·

首先是火锅冒菜。这是在成都冒菜餐饮市场上比较普遍的一种风味，代表性店家有香辣馆冒菜、鬼火冒、何姐冒菜等。据香辣馆冒菜店的店主张艳介绍，他们店制作冒菜卤水的方法是：锅中倒入纯菜油烧热，放入豆瓣酱、大蒜、姜块以及八角、桂皮、香叶、茴香等 10 多种香料炒约 1 个小时，至香味释放出来，关火加盖闷一晚上。次日把上边的油舀出来，用来炒豆豉（用作冒菜的调料）；底部剩下的火锅料则舀入锅里，并加入适量的水烧开，便可用来做冒菜。

其次是卤水冒菜。这种煮菜方式和卤菜有些相似，就是把食材放入卤水汤料里煮熟后捞出来即可。其特色是冒菜带有一股卤香味。

再次是清水冒菜，制作步骤是：先把食客点好的菜品放入网兜里，再倒入清水锅里煮熟，接着捞起来倒入拌菜盆里（见图 1~3）。另外往盆里依次放入盐、

味精、鸡精、花椒面、辣椒油、调和油、葱花、热菜油激香的豆豉，以及热的火锅油（高汤和火锅油按照 7：3 的比例调制而成），拌匀后再倒入盛具里，撒些香菜便可上桌（见图 4~6）。其中的调和油，是把猪板油、鸡油和鸭油下锅，加香料熬制出来的。冒菜经营者刘咏梅说，采用这种清水冒菜的好处在于，能够保证冒菜味道的稳定。因为传统的卤水型冒菜煮到最后，锅里的汤料已经没什么味了。而这种白水煮菜再拌味的方式，还有利于师傅根据食客的口味要求现场发挥——通过掌控各种调料的用量来调整冒菜的口味。此外，在成都餐饮市场上，近年还出现了一些新式冒菜店，不但装修时尚清新，而且在菜品上也大胆创新。店里的冒菜除了传统的四川火锅味之外，还有广式粥底味、韩式辣酱味、泰式酸辣味、印式咖喱味、日式酱汤味等新派风味。

· 干拌冒菜别具一格 ·

怎样将传统冒菜进行创新呢？即是："白水烹煮，精制红油，冒菜拌着吃……"

先把食客点好的食材一起放入网状铁篓里，再浸入开水锅中，煮数分钟至食材熟透，捞起来沥水，倒入拌菜盆里（见下页图 1、图 2），然后舀入蒜泥和调味汁，撒些油酥花生碎，浇入自制红油，用筷子拌匀后，倒入搪瓷盆里，撒些葱花和香菜便可上桌食用（见下页图 3~5）。

要拌好冒菜的味道，有不少注意事项。首先，自制红油须充分搅匀油底的辣椒渣后，方可舀出来拌菜，其用量的增减决定干拌冒菜的辣度。其次，调制调味汁须严格按照粉汁比例，并充分溶解调味粉，其用量的增减决定干拌冒菜的咸淡度。再次，判断满篓的标准为，煮熟后菜品离篓口距离不超过3厘米。最后，根据盛入篓中菜品的多少，在拌菜时加入相应量的调辅料。由于没有汤汁，这种干拌冒菜吃起来爽口不腻。冒菜经营者李小孬将自己创制的干拌冒菜称作冒菜界的"白富美"。对此，他的解释是："'白'，是指冒菜的烹制手法。在各种添加剂泛滥的今天，最简单的白水烹煮才可以体现食材本身的味道；'富'，是指味觉的层次感丰富，精髓在于复杂丰富的调味，源自各地的香料，经过多道工序熬制，最终才会形成一种香味扑鼻、麻辣适口的复合型口感；'美'，是指菜品的卖相完美。"

蛋烘糕与糖油果子

在许多老成都人的记忆中，缺少零食的幼年时代，蛋烘糕和糖油果子是难得的美食。伴随着经济的发展、生活水平的提高，小吃的品类越来越多，人们的选择也越来越多，蛋烘糕和糖油果子的地位似乎不如以前了。尽管如此，许多人依然喜欢时不时买上一份，它们的味道已经深深地印在人们心里。

蛋烘糕和糖油果子并不像串串或冒菜这类小吃，能够紧跟市场的脚步提档升级，可以大批量地单独开店经营，它们似乎只适合流行于市井，在多年的发展中，即使渐渐有以堂食形式售卖的，其规模也非常小；价格虽然从五角涨到一元，再涨到三元、五元，但依然保持着低成本、低消费的特点。现在，蛋烘糕和糖油果子作为成都小吃种类之一，在一些规模稍大的小吃店或餐厅售卖，为餐桌增添了不少色彩，也获得了众多食客的称赞。但是，且不说味道如何，单是呈现形式，就让它们的草根气息丧失了大半。

市井小吃天生具有民间性、即食性的特点，对于食客来说，它们不光是味觉的体验，还是一种视觉的感受。食客们围着热气腾腾的小摊，看着小吃制作的全过程，是一种很有趣的经历。因此，要想吃到地道的蛋烘糕和糖油果子，还是要钻进那些小街小巷里，在小吃摊边品味才行。

蛋烘糕

·蛋烘糕馅心种类丰富·

蛋烘糕，是以专用的铜制小平底锅，将面粉与鸡蛋和成的面糊烘熟，再包入咸味或甜味馅心的小吃。因其质地精良，营养丰富，所以深受食客的喜爱。蛋烘糕多以小摊的形式售卖：摊贩的小推车或三轮车后座的玻璃柜上，写着相当醒目的"蛋烘糕"三个红色大字，在玻璃柜内，摆着制作蛋烘糕所用的各种材料和馅心。

蛋烘糕主要有糕皮和馅心两部分。在调制糕皮的面糊时，通常是将鸡蛋、面粉、红糖、清水调成稀糊后，加入酵母发酵，然后再加入小苏打调匀，放约半小时。将铜制小平底锅置于火上，抹上少许油，舀入面糊后不断转动，再加盖烘烤，当糕皮边缘呈现蜂窝状时，放入馅心，用夹子将糕皮的一端夹起使其对折成半圆形，烘烤至皮脆时即可。

蛋烘糕最初的馅心口味不如现在的种类多，早期，人们对馅心口味并没有太多的要求，因此只有白糖芝麻、榨菜、鲜肉和豆瓣酱四种口味。慢慢地，人

们对蛋烘糕口味的需求开始变多，所以，馅心的口味也就逐渐增加，光贺记就有足足二十八种口味的馅心。咸味的馅心有麻辣牛肉、肉松、鲜肉、拌三丝、麻辣萝卜干、香辣酱等，甜味的馅心有奶油、巧克力、炼奶、芝士、榴莲酱等。

馅心品种丰富，品质有保障，不管客人点到哪种口味，馅心的分量一定给足。这些，或许是贺记多年来拥有一批固定忠实拥趸的原因。

· 糖油果子吃出儿时记忆 ·

许多老成都人都有这样的记忆，放学后，只要一听到糖油果子的吆喝声，总会兴奋地向父母要五角或一元钱，跑到小摊上买一串糖油果子，那香甜软糯的味道，令人难忘。

糖油果子也是以摆摊形式售卖的小吃。卖糖油果子的摊贩总会自豪地告诉客人，糖油果子历史悠久，旧时在成都的花会、灯会上，许多人都会拿着用竹签穿着的糖油果子边吃边走，赏花看灯，形成了花会和灯会上的一道饮食风景。现在，经营者仍然

糖油果子

常用竹签将五个糖油果子穿成一串，食者手持竹签食用，不用担心吃完之后手上沾油，具有很浓厚的乡土气息。糖油果子适合热食，红棕色的果子光亮浑圆，一口咬下，外皮酥脆，内里焦香，越吃越有味。

与蛋烘糕一样，在某些小吃店，糖油果子是与其他小吃搭配着售卖，而大多仍然游走在市井巷陌。一些人流量较大的公园、车站或居民小区，常能看到售卖糖油果子的摊点。摊点有个共同的特点，就是一辆载着大铁锅和大筲箕的三轮车上，依次摆着各种操作工具，从揉面到炸制，整个过程都是在这辆小车上进行，人们能围着小摊看炸果子的全过程。色泽红亮，圆滚滚的糖油果子裹满芝麻，或躺在大筲箕里，或被穿成串插在筲箕边缘。在很多人的心里，这便是糖油果子应该有的形象。

据说，市场上曾有过包入甜味馅心的糖油果子，这种糖油果子更加讲究技术，因为容易爆裂露馅儿，吃起来也略显油腻，后来在演化过程中慢慢消失，就只剩下无馅心的糖油果子了。

以前制作糖油果子，大都是利用传统的大圆炉灶，里面烧青冈炭来加热。而现在，不管是小摊还是小吃店，几乎都是利用气灶来加热炸制。先将发酵好的糯米粉面团做成汤圆大小的生坯，整齐地摆在铺了湿布的桌上（图1、图2）。然后将大铁锅置于灶上，倒入菜油烧热，便可下入果子生坯。炸的时候，两人站在大铁锅两旁，一人逐个将生坯滚入油锅中，另一人用大圆勺来回拨动，以防止粘连，在这个过程中，适当加入事先加工过的红糖水（图3、图4）。糖油果子在油锅中不断翻滚，逐渐膨胀，颜色慢慢变深至红棕色，在炸制半小时后，捞出放入大筲箕内沥油，趁热撒上白芝麻即可（图5）。

面条江湖品种多

20世纪八九十年代，成都的面馆不多，主要集中在春熙路、盐市口、骡马市、北门大桥等闹市区。那时的成都以吃惯了米饭的本地人士居多，人们把面条当成小吃看待，逛街饿了，吃一小碗面条填肚子。后来，随着城市规模不断扩大，外来人口大量拥入，人们的生活和工作节奏逐渐加快，面条这种具有快餐特性的食物被不断开发出新的品种和花样，面馆也越开越多。作为小吃的面条与作为主食的面条两者相互交融，一些小吃面条通过创新改造，经过餐饮市场的检验，成功转型为主食面条，并为广大食客所接受。而另一些，由于食客的认知度、市场的认可度、制作技术的复杂性等原因，一直被局限于小吃的范围，无法推广成为大众接受的主食，甚至只能退守在老字号小吃店、市内旅游景点和川式宴席上。

这里，就来列举几道成都面条类小吃，看看它们在餐饮市场上的境遇、改造变身为主食面条后的发展状况，以及与做法类似的面条之间的不同。

· 担担面：墙内开花墙外香 ·

要说成都最有名的面条小吃，非担担面莫属。以现在的观念来看，担担面的崛起，属于小人物成功逆袭的典范。担担面以猪肉臊子的酥脆、芽菜的鲜香和麻辣著称。如今，担担面在成都面条市场上的境遇有些尴尬。虽然名声在外，但并不是市场上的主力军，只能在为数不多的老字号名小吃店或川式宴席上才能吃到。也许，这跟担担面从诞生起就适合小碗品味打尖，不适合大碗充饥的特点有关。

其实，担担面的做法并不复杂。以前，担担面用的是手工面条，后来有了压面机，才开始用棍棍碱水面或韭菜叶子碱水面。担担面的臊子是先把肥三瘦七的猪前夹肉剁成米粒状，再用化猪油炒散，烹入料酒，加入盐、味精和酱油炒至肉末吐油酥香，出锅装碗即成。随后是定底味，往面碗里加芽菜末、葱花、盐、酱油、醋、味精、花椒面、红油辣椒和化猪油调匀。接着是煮面条，把面条抖散下入沸水锅里稍稍搅动，待水再次沸腾后，加些冷水降温，煮至面条不粘筷子且起滑时，捞出来装碗，舀上猪肉面臊即成。

甜城担担面

值得注意的是，在发展过程中，每家店调出来的担担面味道都有细微差别。比如有的在炒臊子时除了加甜面酱之外，还要加芽菜末炒香，以此突出酱香味和芽菜的鲜香；有的在定底味时要加芝麻酱和香油提香；有的不用花椒面，调成红油味；有的还往碗里放少量煮熟的蔬菜，如豌豆尖等。另外，煮担担面时，面条煮得稍硬，这样口感才爽滑筋道。

看了担担面的做法后，是不是觉得有些眼熟呢？不错，它与目前成都面条市场上卖得最好的主食面条——素椒杂酱面，有很高的相似度，甚至与燃面也有些关联，因为它们同属于干拌面，没有汤汁，面臊紧裹在面条上。

素椒杂酱面最大的特点是要加芝麻酱，目的在于突出芝麻酱的浓香，咸鲜香辣中带着一点点回甜。此外，加入的猪肉臊子虽说滋润干香，但不如担担面的臊子那样酥脆。

吃素椒杂酱面有讲究：面条端上桌后，需尽快把面条与调料和匀——让芝麻酱及猪肉末均匀地粘在面条上入味，接下来要尽快把面条吃完，因为这样才能体会到素椒杂酱面精妙的味道和口感。若是放一会儿再吃，那么面条会糊腻，味道也差多了。由于素椒杂酱面比较干又无汤汁，所以吃面时一般都要配一碗蔬菜汤或面汤，

素椒杂酱面

也可配一小碟洗澡泡菜佐食。

　　燃面是在素面干吃的基础上发展起来的，吃时不带汤汁，并辅以多种油脂拌和而成。另外，还有加熟鸡丝的鸡丝燃面和加白糖的糖燃面，大致可分为成都崇州的白油燃面和宜宾的红油燃面两种，目前宜宾的红油燃面占据了燃面市场的大半份额。其实，燃面以前也是小吃，后来逐渐转化为主食面条。以宜宾的红油燃面为例，比较正宗的做法是：把熟菜油烧至七成热时，下老姜和花椒炸出香味便捞出，当油温降到五成热时，倒入装有辣椒面的盆里激香，然后加入香油和花生油，制成红油辣椒。接着是定底味，往面碗里调入化猪油、酱油和味精便好。随后是煮面，把细的碱面条下入沸水锅里煮至刚断生时，用漏瓢捞出来并甩干水，装碗后淋些红油辣椒，撒上用油炒香的芽菜末、酥花生碎、酥杏仁碎、熟芝麻粉和葱花，浇上烧热的化猪油激香，拌匀即可食用。宜宾红油燃面的面条比一般水面的用碱量要重些，甚至能够吃出明显的碱味，这样的面条吃起来会更筋道。

传统的宜宾红油燃面是素面，猪肉臊子是其从小吃变成主食面条后才加进去的，所以现在市场上的宜宾红油燃面都加了炒酥的猪肉末，有的甚至加了熟鸡丝、火腿丝等。另外，现在的宜宾红油燃面还把最后淋热猪油激香这个环节省略了，这也是因为猪油太过油腻，不符合现在的饮食需求。

臊子面

素面

·甜水面：口感味道皆特别·

　　甜水面是地道的成都传统小吃，它的面条较粗，根根均匀，成菜色泽红亮，味道咸甜香辣，口感爽滑筋道。目前，因为面条的制作还停留在手工操作阶段，煮制费工费时，面条生坯又无法长时间保存，所以甜水面一直都以小吃的形式存在。

　　甜水面的做法看似简单，其实有些诀窍。它是把高筋面粉加盐和清水揉匀成硬面团，盖上湿纱布饧制30分钟后，擀成0.6厘米厚的长方片，之后用刀切成0.6厘米粗的条，再用双手抓住面条的两头（一手抓5根左右）并均匀用力扯长成0.4厘米粗的面条，切去两端的面头，将扯好的面条放入沸水锅里，煮熟捞出来装入调有蒜泥、盐、复制甜红酱油、酱油、味精、香油和红油辣椒的碗里，拌匀即成。

　　值得注意的是，甜水面的面团是用加盐的方式去增加面团筋力的，而不是用碱。让面团饧制一段时间，则是为了让面团有足够时间形成严密的面筋网络，让面条的口感更加筋道弹牙。在把面团擀成片时，不是撒面粉防止粘连，而是在表面抹上熟菜油。

如果撒的面粉没有充分吸水揉匀，就会影响面条的口感。也因此，甜水面的面条就不太可能像碱水面条那样用压面机大规模制作。后来，由于传统甜水面现煮现食会花费很长时间，所以有的店家为提高效率，就先把面条煮熟，再捞入筲箕内并加熟菜油抖散拌匀晾冷，等顾客来点食时，才放沸水锅里冒热并调味食用，这样就节约了不少时间。另外，甜水面的味道与钟水饺极为相似，均为咸甜香辣的口味，这当中起到关键作用的是复制甜红酱油，它是把红酱油加红糖、香料和清水熬至浓稠且出香味而制成的。

· 金丝面：技艺与口味融合 ·

在成都的面条小吃中，金丝面的制作难度最大，成本也最高。金丝面的面团是用高筋面粉加鸡蛋液调和揉制而成，既不能加清水，也不能加碱，每500克面粉一般要加10个鸡蛋。另外，调制面团时，要反复擂压和揉制均匀，擀成极薄的面片，再切成细丝。金丝面的面团和得很硬，擂压和揉制都极为费力，擀制时要用力均匀，否则薄薄的面皮很容易破裂。切面时极为讲究刀工，要切得跟棉线一样细。后来，

金丝面

有人用木杠子压面，也算是省了不少力气。此外，制作金丝面动作要快，因为面团擀成薄片后，在切面的环节很容易风干，因此金丝面做好后要用湿纱布盖住。金丝面色泽金黄，细如棉线，筋力强，用火都能把面条点燃。面条下锅煮制时，不浑汤，涨发性好，因为面条极细，所以只需要下沸水锅里滚几秒就熟了。这道小吃口感细嫩爽滑，营养丰富，适合调成咸鲜味，如清汤、杂酱、清炖牛肉、三鲜、口蘑、鱼羹、炖鸡、奶汤、海味等。

　　正宗的金丝面作为精品小吃，只在老字号的小吃店里和高档的川式宴席上才能吃到，造成这种局面的原因，一是成本高，二是制作难度大，经营者不想也不愿意花那么多时间和精力去做。而在成都市场少量经营金丝面的面店里，虽然面条里要加鸡蛋，但也加了清水，因为这样既能节约成本，面团又容易揉制，所以只能算是山寨版的金丝面了。

　　其实，在成都面条小吃里也有与金丝面做法类似的品种，比如银丝面，每500克面粉加20个鸡蛋清，成品色泽雪白；青菠面则是把鲜菠菜汁、鸡蛋清与面粉一起揉匀，擀皮后切成韭菜叶子形状，成品色泽翠绿。

银丝面

豆花面

·豆花面：两种小吃共生辉·

成都豆花面，以其麻辣味浓、豆花细嫩、配料酥香、面条爽滑的特色让人印象深刻。

制作豆花面首先要调制好豆花臊子，用在豆花面里的豆花可不是把豆花点好就完成了，它需要把点好的石膏豆花放入清水锅里小火煮透，然后勾入红薯淀粉成二流芡，小火保温待用，这种豆花其实与乐山豆花几乎一致。其次，豆花面的调味也很关键，先把盐、酱油、味精、芝麻酱、冬菜末、花椒面、香油和红油辣椒在碗里调匀，等把煮熟的韭菜叶子面条挑进去后，再连汤舀入豆花，撒上榨菜粒、酥黄豆、酥花生米和葱花，即可食用。

豆花面里的芝麻酱和浓稠的豆花臊子虽然很提味，但让人感觉面条糊腻不清爽，这可能既是豆花面的优点，也是它无法成为主食面条的原因。

米制小吃花样变身

成都人以大米为主食，而用大米做成的各种小吃也是品类繁多。成都米制小吃一般用糯米和大米两种米，根据制品的需要有时单独使用，有时混合使用，有时还要另加黄豆、红薯、南瓜等。成都米制小吃除了品种多以外，烹调方法也多样，有煎、炸、蒸、煮、炒等。以糯米为原料的代表小吃有极具观赏性和表演性的三大炮，各种冷吃、热食、煎炸的糍粑品种，以及珍珠圆子、椒盐粽子和各类汤圆；以大米为原料制作的小吃有热气腾腾的蒸蒸糕、白蜂糕、黄糕、白糕、鸡蛋熨斗糕等。以糯米和大米混合制作的小吃有叶儿粑、冻糕等。

三大炮　观赏性吸引眼球

三大炮是由糯米制作的一种吃食，旧时"赶花会"才有这种特殊形式的小吃。制作三大炮是把三坨熟糯米团，连续摔向案板中央，并发出"砰、砰、砰"的声音，而放在案板边上的几个铜碟，则因震动发出"当、当、当"三声金属响声，三坨熟糯米团弹起后飞向对面斜靠的竹簸箕上，然后顺势滚入下面装满熟芝麻粉和熟黄豆粉的竹簸箕中，此时熟糯米团自然就裹上了一层粉末。再浇上浓稠的红糖汁水，递给顾客食用。三大炮香甜可口且不腻、不黏，吃时配以"老鹰茶"最好。

三大炮

制作三大炮

制作三大炮的熟糯米团是把糯米洗净并用清水浸泡 12 小时，沥水后倒入蒸笼里，用大火蒸熟，其间须洒两次水，待蒸熟后倒入木桶内，掺适量开水并加盖，等到水进入糯米内部，便揭盖用木棒舂蓉，即成糍粑坯料。

除了三大炮之外，糍粑类小吃的品种在成都还有很多，比如与三大炮类似的凉糍粑，其坯料做法与三大炮高度相似，只不过在舂熟糯米时要趁热，并且还要加冷开水，待糍粑坯料晾凉，然后扯剂子压平并包入豆沙馅，滚匀熟芝麻粉和熟黄豆粉，装盘后撒上胭脂糖便好。另外还有一种夹馅的方法，先把糍粑坯料放在铺有熟芝麻粉和熟黄豆粉的案板上擀成 0.5 厘米厚的大片，再抹上一半的豆沙馅，对折后成夹馅的凉糍粑坯，最后切成菱形块，装盘撒上胭脂糖或蜜桂花即可。

在成都，煎炸类糍粑是一类很常见的小吃，一般有炸糍粑、方块油糕、窝子油糕等。其中，炸糍粑所用的糍粑坯料与三大炮差不多，只不过外面要撒一层干米粉，以利于保存，吃时用油煎（或炸），装盘撒白糖或淋红糖水即可。方块油糕是把糯米蒸熟后，趁热加盐和花椒粉拌匀，闷一会儿便装入木匣内压成长方条，然后倒出来切成方块，再下热油锅里炸至表面酥脆且呈金黄色时，即可捞出来食用。窝子油糕也是先把糯米蒸熟，再加少量的食用碱和开水揉匀，然后揪剂子压平并包入豆沙馅制成圆窝形的生坯，最后下热油锅里炸至表面酥脆呈金黄色即成。

炸糍粑

红糖糍粑

· 蒸蒸糕 特制用具蒸出木香滋味 ·

　　蒸蒸糕是在成都街头挑担售卖的一款小吃，也叫冲冲糕，其口感软糯爽口、味道香甜，一般现做现卖，目前主要集中在小吃店经营。蒸蒸糕除了有大米与糯米搭配的要求外，其形状特殊的木制蒸具，对风味也有一定的影响，可谓味道和形式感

蒸蒸糕

冻糕

兼备。它是把大米和糯米用清水浸泡发涨后，沥干水，再放入碓窝并掺少量清水，用木棒舂成细粒（或者是磨成细粒）后，保持半干状态，然后入锅用微火炒熟并过筛待用。取木制蒸具放在铜罐顶部的气孔上，加热上汽后，垫上湿纱布并舀入细米粒（装一半），再加些用豆沙、红糖和化猪油炒成的馅，并舀入细米粒填满，最后撒上一层用白糖和米粉做的糖面，加盖蒸熟后，把米糕顶出来装盘即成。蒸蒸糕还有一种相对简单的做法，就是把细米粒（不经炒制）直接放蒸具内蒸上汽，再揭盖加些化猪油，继续蒸熟，然后挑入盘中，撒些熟芝麻和桂花糖便好。

　　制作蒸蒸糕的木制蒸具分为上下两个部分，上部分是木盖和木柄，下部分呈倒"凸"形，中间挖空呈上大下小的六角形，底部有圆孔以通蒸汽。另外，这种木制蒸具在蒸制食材时还能产生特有的木香味。

　　在成都，用蒸制方式做的米类小吃还有很多，比如白蜂糕、冻糕等。其中，白

蜂糕有色白松泡、细嫩香甜、滋润爽口的特点。它是先把大米放清水盆里浸泡，捞出来加熟大米饭拌匀并磨细成米浆，再掺入酵母浆搅匀，待加盖发酵起泡后，放入苏打、白糖和蜂蜜搅匀。接着把米浆舀入垫有湿纱布的笼里装一半，加盖用旺火蒸20分钟后揭盖，再淋上一层玫瑰酱，并舀入剩余的米浆，撒上杏仁片、蜜樱桃片、瓜片，加盖继续蒸20分钟至熟。然后出笼切成菱形块，即可食用。

冻糕是成都崇州市"怀远三绝"之一，以松泡甜润、油而不腻著称。它是先把大米、黄豆和糯米混合，用清水泡涨后，磨成稀浆。另把糯米泡软后，入笼蒸熟，再趁热倒入稀浆内搅匀并发酵，然后加入猪板油粒、香油、白糖和熟芝麻粉搅拌成二流浆。接着往竹笼屉里放入若干特制的木方格，垫上玉米衣，舀入米浆，旺火蒸熟即成。需注意，米浆发酵程度浅，则无明显酸香味。

珍珠圆子 复杂演化至简单 ·

在成都，包有馅料的米制小吃数不胜数，最普遍、简单的便是各种汤圆，因其已大规模工业化生产，这里不再赘言。此外，珍珠圆子和叶儿粑也很有名气，其中珍珠圆子经历了从繁到简的转变，而叶儿粑在四川各地的叫法和做法，也有细微的差别。

珍珠圆子表面的糯米粒洁白如玉、晶莹闪亮，呈半透明状，好似粒粒珍珠，口感软糯滋润，味道香甜。传统的做法相对复杂，是把糯米用清水泡涨后控水，留少量作为粘裹圆子的"珍珠"，剩余的则入沸水锅煮至九分熟，然后捞出来趁热加鸡蛋液和干细淀粉拌匀，晾凉成坯料。取少量坯料制成团，再按个小坑放入玫瑰甜馅（或酱肉馅）包捏成球形，然后滚粘上"珍珠"，点上蜜樱桃，最后入笼蒸熟即可。这种做法关键是要掌握糯米粒的成熟度，过熟，成品易塌陷；过生，则不易包成型且易散烂。

现在，珍珠圆子在经历过市场化的改造后，制法变得相对简单些，可直接用糯米粉团包裹馅料，再滚粘匀泡涨的西米，然后蒸制而成。从视觉效果来看，西米比糯米更佳。

米制如意卷

珍珠圆子

叶儿粑

叶儿粑在四川各地都有，叫法不一，如猪儿粑等。制法也是大同小异，分甜、咸两种馅心，表面包裹的原料有芭蕉叶、粽叶、玉米叶、柚子叶等，口感软糯不粘牙，味道清香。

叶儿粑的做法比较简单，把糯米和大米用清水泡涨后磨成浆，并做成吊浆粉揉匀（有的要加菠菜汁揉成绿色米团），再包入甜、咸馅料制成椭圆形，然后包裹上芭蕉叶，入笼蒸熟即成。当然，用来包裹的芭蕉叶、粽叶、玉米叶、柚子叶等都须事先放沸水锅里烫软。

·〈油茶〉 炒煮结合并非茶·

油茶不是我们平常理解的茶叶，而是粉料经干炒和水煮制成的小吃，它在全国各地都有，只不过其他地方大多用面粉做成，而在成都用的是米粉。

成都的油茶酥、脆、鲜、香，味道可以调成咸鲜、酸辣、麻辣等。它是把糯米和大米洗净后磨成粉，再入锅炒干炒香，铲出来加清水调成米粉糊。另起锅倒入清水烧开，下姜葱煮出味便捞出不用，将米粉糊缓缓倒入煮好的水中，边倒边搅，等到煮成稀糊状且熟透时，关火保温，即成糊料。吃时，把油茶糊料舀入碗里，加入盐、味精、花椒面和辣椒油，撒上姜末、葱花、榨菜粒、芽菜末、熟芝麻粉、酥花生碎、油酥黄豆和馓子段拌匀即可。

其他干炒水煮类的小吃还有炒米糖开水，不过在目前的成都小吃市场上已不多见了。

油茶

图书在版编目（CIP）数据

四川风味家常菜 / 四川烹饪杂志社编. -- 青岛 : 青岛出版社, 2018.6
ISBN 978-7-5552-6920-5

Ⅰ. ①四… Ⅱ. ①四… Ⅲ. ①川菜 – 菜谱 Ⅳ. ①TS972.182.71

中国版本图书馆CIP数据核字(2018)第073240号

书　　　名	四川风味家常菜
编　　　者	四川烹饪杂志社
出版发行	青岛出版社
社　　　址	青岛市海尔路182号（266061）
本社网址	http://www.qdpub.com
邮购电话	13335059110　0532-68068026
策划组稿	周鸿媛
责任编辑	逄　丹
特约编辑	马晓莲
装帧设计	魏　铭　叶德永
封面设计	张　骏
印　　　刷	荣成三星印刷有限公司
出版日期	2018年6月第1版　2018年6月第1次印刷
开　　　本	16开（710毫米×1010毫米）
印　　　张	15
字　　　数	200千
图　　　数	752幅
印　　　数	1–8000
书　　　号	ISBN 978-7-5552-6920-5
定　　　价	49.80元

编校印装质量、盗版监督服务电话　4006532017　0532-68068638
本书建议陈列类别：生活类　美食类